青少年 科普知识 读本

打开知识的大门，进入这多姿多彩的殿

科学
发明与创造

金 帛 ◎ 编著

河北出版传媒集团
河北科学技术出版社

图书在版编目(CIP)数据

科学发明与创造 / 金帛编著. --石家庄：河北科学技术出版社，2013.5 (2021.2重印)
　　ISBN 978-7-5375-5834-1

Ⅰ.①科… Ⅱ.①金… Ⅲ.①科学技术-创造发明-青年读物②科学技术-创造发明-少年读物 Ⅳ.①N19-49

中国版本图书馆 CIP 数据核字(2013)第 095452 号

科学发明与创造
kexue faming yu chuangzao
金帛　编著

出版发行	河北出版传媒集团	
	河北科学技术出版社	
地　　址	石家庄市友谊北大街330号(邮编:050061)	
印　　刷	北京一鑫印务有限责任公司	
经　　销	新华书店	
开　　本	710×1000　1/16	
印　　张	13	
字　　数	160千字	
版　　次	2013年6月第1版	
	2021年2月第3次印刷	
定　　价	32.00元	

前言 Foreword

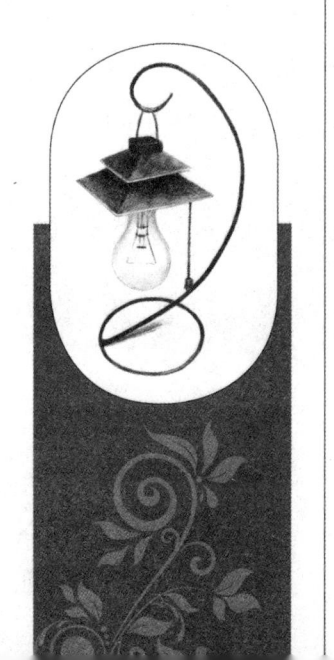

从第一把简陋的石斧,到纳米机气人、"好奇"号在火星成功着陆等,人类在不断的发明、发现中,一步步成长、进步着。发明,改善了人类的生存环境,提高了人类的生活质量,促进了人类社会的发展。在现代化程度已经很高的今天,方方面面的发明都极大地方便着我们的生活。

人类科学发明史上,群星璀璨、百舸争流。栩栩如生、充满激情的发明故事,把我们带入时空的隧道,了解人类科学发明的历史脉络,品尝科学巨匠们的酸甜苦辣……

本书所记录的是自人类诞生至今,人类进步与文明发展的历程,记载了科学史上的重大发明事件、重要发明人物以及他们的突出成就,主要涉及日常生活、传媒通信、交通能源、国防军事、天文地理、生物医学和物理化学等七个领域。

前言

Foreword

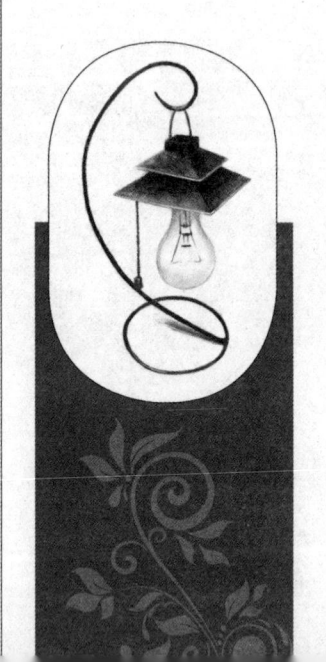

《科学发明与创造》虽然内容涉猎广泛，但文字没有丝毫敷衍。全书文风严谨、文字流畅，真正做到了深入浅出、通俗易懂。在注重知识性、科学性、实用性的同时，还增添了精美的插图，而精美的图片与文字相辅相成，真正做到了寓教于乐，有利于青少年开拓创新思维，培养创新意识，从而全面提高青少年的科学素质。

《科学发明与创造》以最新鲜的百科知识、最酷炫的探秘信息、最逼真的画面与科学家一起探索有史以来的伟大发明与创造。打开这本书，你将能见证改变历史的辉煌瞬间；在品读发明与创造的同时，感悟人类文明的真谛。

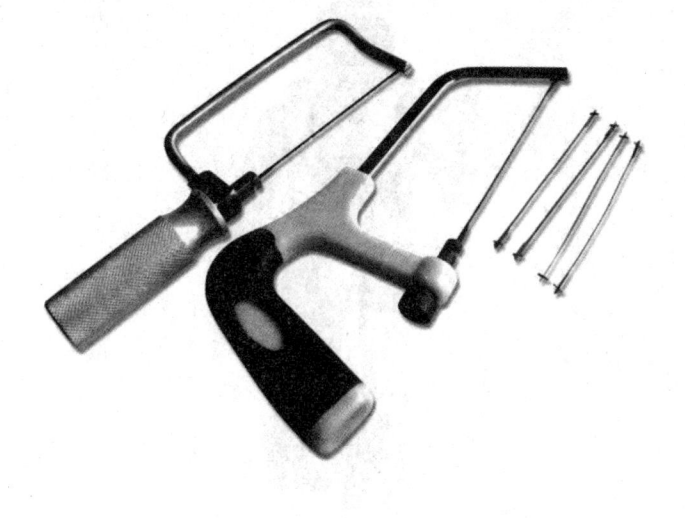

第一章　日常生活中的发明与创造

鲁班发明的锯 …………………………………………… 2
约翰·沃克发明了火柴 ………………………………… 3
爱迪生发明了电灯 ……………………………………… 5
留住美好瞬间的照相机 ………………………………… 8
快速煮饭的高压锅 ……………………………………… 10
能够让食物保鲜的小"屋子" ………………………… 11
味精使食物变得更可口 ………………………………… 13
能够提神的咖啡 ………………………………………… 14
简单方便的拉链 ………………………………………… 16
衣服上的扣合物件 ……………………………………… 17
钟表让你更准确地把握时间 …………………………… 18
除垢去污的肥皂 ………………………………………… 19
真空吸尘器——除尘好帮手 …………………………… 20
棋盘上的战争 …………………………………………… 22

第二章　传媒通信中的发明与创造

蔡伦的伟大发明……………………………………… 26
传承文明的活字印刷………………………………… 28
罗兰·希尔发明了邮票……………………………… 30
电话让声音漂洋过海………………………………… 31
菲洛·泰勒·法恩斯沃思发明电视………………… 33
穿越空间的无线电…………………………………… 36
莫尔斯发明电报机…………………………………… 38
智能时代的标志——计算机………………………… 40
不用笔也能显字的打印机…………………………… 42

第三章　交通能源中的发明与创造

指引方向的指南针…………………………………… 46
健身又环保的自行车………………………………… 48
减少颠簸的充气轮胎………………………………… 49
装有内燃机的"自行车"…………………………… 50

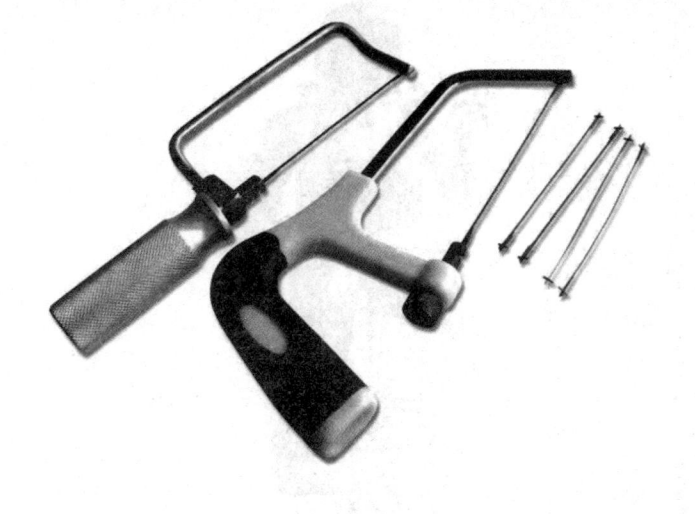

人类的代步工具——汽车 …… 52
"钢铁巨龙"的诞生 …… 54
行走在水中的轮船 …… 56
加内林与降落伞 …… 58
难以捕捉的风能 …… 59
纯净的能量——太阳能 …… 61
来自大海的礼物 …… 63

第四章 国防军事中的发明与创造

战略弹道导弹的出现 …… 68
法布尔发明第一架水上飞机 …… 70
坚固的坦克 …… 71
国防"千里眼"——雷达 …… 73
海上"巨无霸"——航空母舰 …… 75
飞艇的发明与发展 …… 78
像鱼儿一样的潜艇 …… 82
杀伤力巨大的火炮 …… 85
古老的飞行器 …… 88

了不起的现代火箭……………………………………91
实现人们飞向天空梦想的飞机……………………94
可以往返宇宙的航天飞机…………………………96
人类进入太空的工具——宇宙飞船………………98
有翅膀的机器——水翼艇…………………………100

第五章　天文地理中的发明与创造

地震先知——地动仪………………………………104
哥白尼的天体运行论………………………………105
能一窥远处美景的望远镜…………………………109
托勒密的地心说……………………………………112
僧一行和他的《大衍历》…………………………114
开普勒的三大定律…………………………………116
历法的发明…………………………………………119

第六章　生物医学中的发明与创造

小小医生体温表……………………………………122
琴纳与牛痘疫苗……………………………………124

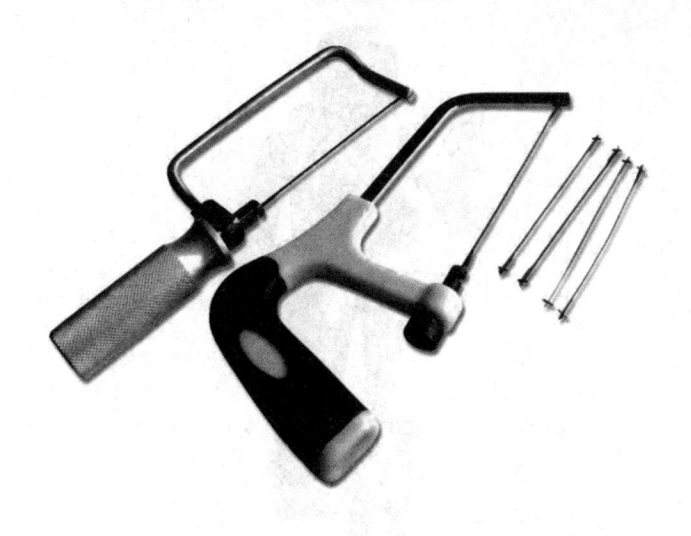

透过显微镜看微小世界 …………………………… 125
孟德尔与遗传定律 ………………………………… 127
免疫疗法在医学界的应用 ………………………… 130
减少痛苦的麻醉剂 ………………………………… 132
了不起的器官移植手术 …………………………… 133
再造福音——假牙 ………………………………… 134
杀菌力强的青霉素 ………………………………… 136
云南白药的发明 …………………………………… 138
先进的科学——克隆技术 ………………………… 139
更快速地治疗疾病的注射器 ……………………… 142
听诊器——用声音来看病 ………………………… 144
"杂交水稻之父"——袁隆平 …………………… 145

第七章 物理化学中的发明与创造

牛顿和万有引力定律 ……………………………… 150
蕴含巨大能量的原子反应堆 ……………………… 154
提供强大电流的发电机 …………………………… 155
因水壶而诞生的蒸汽机 …………………………… 157

目录

威力无比的炸药 …………………………… 162

伏打发明电池 ……………………………… 164

居里夫人和镭 ……………………………… 167

连接火车的詹内挂钩 ……………………… 169

伦琴与X射线 ……………………………… 171

万能的机器人 ……………………………… 172

激光器的发明和应用 ……………………… 174

晶体管诞生历程 …………………………… 176

静电复印机的发明与使用 ………………… 178

门捷列夫的周期表 ………………………… 182

法拉第的电磁感应 ………………………… 187

不怕被雷轰的法宝 ………………………… 189

推动柴油机发展的内燃机 ………………… 192

原子弹的发明及应用 ……………………… 195

第一章
日常生活中的发明与创造

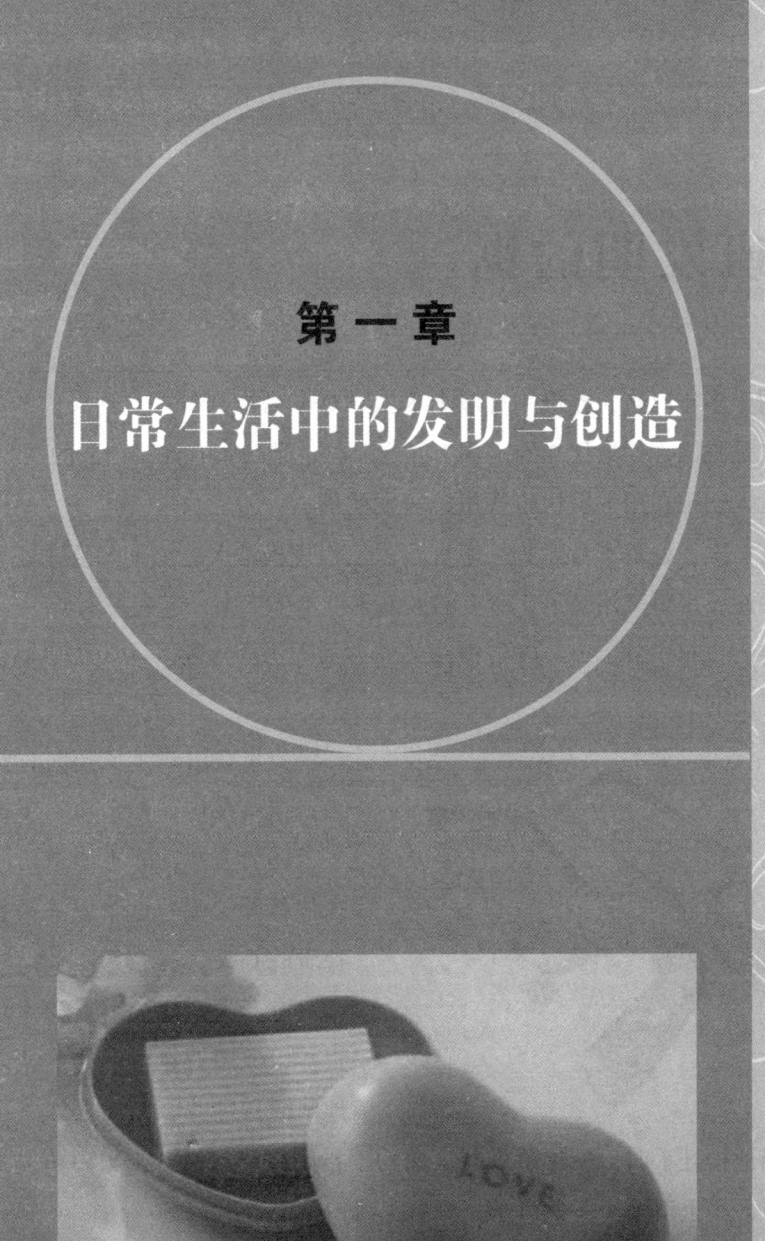

鲁班发明的锯

两千多年以来，鲁班一直被土木工匠尊奉为祖师爷，受到人们的尊敬和纪念。他是我国古代最优秀的土木工匠之一，也是一个有许多创造的杰出发明家。其中，人们现在用的锯相传就是鲁班发明的。

有一次，鲁班奉命建造一座宫殿，工程规模浩大，工期却要求很短，而且干到中途，木料又用完了。所有的人都不得不停下来，赶去采木料。

鲁班也起早贪黑地亲自带领徒弟们一边上山砍木头，一边加紧施工，生怕耽误了工期。

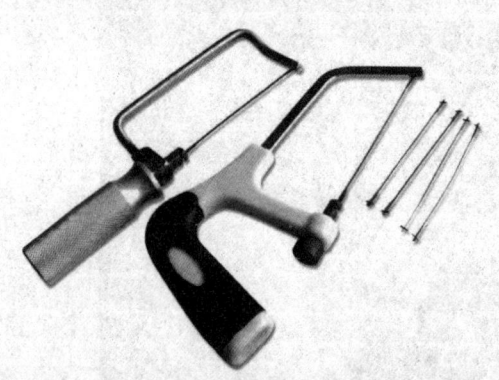

鲁班在用斧子砍树时，觉得又费力，速度又慢，斧子用不了多久就钝了，还要去磨，能不能造出一种工具来代替斧子呢？这个想法一直萦绕在鲁班的心头。

有一天，他去山上砍木料，山路很陡，他用力抓住两边的杂草，吃力地向前行进。

当他松开手时，一片茅草叶从他的手指间轻轻滑过，带来一阵剧痛，他仔细一看，手上留下了一条口子，鲜血正从伤口中渗出。

一片又轻又软的小草叶，竟能把手指划破！

鲁班小心地摘下那片茅草叶，仔细地观看，发现在叶子的边缘有一排又细又尖的细齿。

他试着用叶子在斧柄上拉过，叶子软软地歪到了一边，可还是在斧柄上留下了一条印迹,这给了鲁班启发。

他兴奋得转身就向山下跑,也顾不得身边的杂草,深一脚、浅一脚地赶回了工地。

他找来了一把竹片,把它削薄,又在它的边缘削刮,在上边刻出一个个的"牙齿",用这些齿在木料上来回地拉,果然拉出了一条深深的沟。但只用了几下,竹片上的齿就被磨平了。

他想,如果用比竹片更坚韧的铁片来做这些齿,不就能把木头很轻易地弄断了吗?

于是鲁班拿着这些竹片去找铁匠,让铁匠照着竹片的样子打造出几根带齿的铁片来。他又给这些铁片装上了木制的柄,于是锯子就这样产生了。

工匠们用锯子伐木头,又快,又省力。鲁班和他的徒弟们很快就把木料凑齐了,宫殿也如期完工了。

两千多年过去了,锯子在工匠们的手中一代代地流传至今,即使是现代化的电锯,也没有脱离鲁班发明的锯子的基本原理。

约翰·沃克发明了火柴

学会取火是人类文明的重大进步。从考古学的研究来看,周口店的北京猿人已经有了人为的取火方法。

过去的取火方法大体有四种:摩擦法、打击法、压榨法和光学发火法。

这当中,最早出现的是摩擦发火法和打击发火法。

中国古代传说中有燧人氏教人钻木取火的故事。所谓钻木取火,就是用一根木棒立在另一块木块上用力旋转,使它摩擦生热而发火的做法。

在太古时代,主要是用燧石互相打击而取火。到有了钢铁之后,人们便改用铁块和打火石碰撞的取火方法了。

比较科学的取火方法是18世纪末在罗马出现的。

那时有人用一根一米多长的大木棒，在其顶端涂上浓氯酸钾、糖和树胶的混合物，当人们要使用火时，就把大棒的顶端伸进一个盛有硫酸溶液的器皿里，使二者相遇发生化学反应而燃烧。这便是火柴的雏形。

1827年，英国化学家约翰·沃克发明了与现代火柴相近似的引火棍。而这个发明也是很偶然的。

有一天，沃克正在集中精力试制一种猎枪上用的发火药。

方法是把金属锑和钾碱混合在一起，然后用一根棍搅拌。这样，棍的一端便粘上了金属锑和钾碱的混合物。后来，他想把粘在木棍上的混合物在地上磨掉，以便再利用这根棍来搅拌新配的混合物。

然而，正当他把木棍在地上使劲摩擦时，突然"扑"的一声冒出了火苗，木棍燃烧起来了。

这个发现使沃克非常兴奋。他想：如果能利用自己发现的办法制造引火物，那对人们来说取火将是多么方便啊！于是，他开始参照自己发现的办法研制火柴了。

1827年4月7日，约翰·沃克制作的第一盒火柴出售了。他的火柴84根为一盒，售价1先令。火柴盒的一端贴有一小片砂纸，把火柴头夹在砂纸中间，向外一拉，火柴便点燃了。

从此，火柴便在全世界得到了普及。

1830年又出现了黄磷火柴，这种火柴一经摩擦即可引燃，但容易出危险，而且它的烟有毒。1835年，又有人发明了安全无害的赤磷火柴。到1848年，德国人又发明了今天通用的安全火柴。

火柴的发明，为人类用火提供了极大的方便。

爱迪生发明了电灯

在电灯问世以前，人们普遍使用的照明工具是煤油灯或煤气灯。这种灯因燃烧煤油或煤气，因此，有浓烈的黑烟和刺鼻的臭味，并且要经常添加燃料，擦洗灯罩，因而很不方便。更严重的是，这种灯很容易引起火灾，酿成大祸。多少年来，很多科学家想尽办法，想发明一种既安全又方便的电灯。

19世纪初，英国一位化学家用2000节电池和两根炭棒，制成世界上第一盏弧光灯。但这种光线太强，只能安装在街道或广场上，普通家庭无法使用。无数科学家为此绞尽脑汁，想制造一种价廉物美、经久耐用的家用电灯。

这一天终于来到了。1879年10月21日，一位美国发明家通过长期的反复试验，终于点燃了世界上第一盏有实用价值的电灯。从此，这位发明家的名字就像他发明的电灯一样，走入了千家万户。他，就是被后人赞誉为"发明大王"的爱迪生。

1847年2月11日，爱迪生诞生于美国俄亥俄州的米兰镇。他一生只在学校里念过三个月的书，但他勤奋好学，勤于思考，其发明创造了电灯、留声机、电影摄影机等1000多种物品，为人类社会做出了重大贡献。

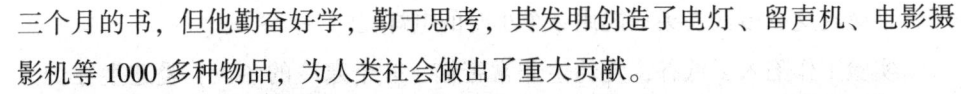

爱迪生12岁时，便沉迷于科学实验中，经过自己孜孜不倦地自学和实验，

16 岁那年，便发明了每小时拍发一个信号的自动电报机。后来，又接连发明了自动数票机、第一架实用打字机、二重与四重电报机、自动电话机和留声机等。有了这些发明成果的爱迪生并不满足，1878 年 9 月，爱迪生决定向电力照明这个堡垒发起进攻。他翻阅了大量的有关电力照明的书籍，决心制造出价钱便宜，经久耐用，而且安全方便的电灯。

他从白热灯着手试验。把一小截耐热的东西装在玻璃泡里，当电流把它烧到白热化的程度时，便由热而发光。他首先想到炭，于是就把一小截炭丝装进玻璃泡里，可刚一通电炭丝马上就断裂了。

"这是什么原因呢？"爱迪生拿起断成两段的炭丝，再看看玻璃泡，过了许久，才忽然想起，"噢，也许是因为这里面有空气，空气中的氧又帮助炭丝燃烧，致使它马上断掉！"于是他用自己手制的抽气机，尽可能地把玻璃泡里的空气抽掉。一通电，炭丝果然没有马上熄掉。但 8 分钟后，灯还是灭了。

可不管怎么说，爱迪生终于发现：真空状态时白热灯显得非常重要，关键是炭丝，问题的症结就在这里。

那么应选择什么样的耐热材料好呢？

爱迪生左思右想，终于想到熔点最高，耐热性较强要算白金啦！于是，爱迪生和他的助手们，用白金试了好几次，可这种熔点较高的白金，虽然使电灯发光时间延长了许多，但不时要自动熄掉再自动发光，仍然很不理想。

爱迪生并不气馁，继续着自己的试验工作。他先后试用了钡、钛、钴等各种稀有金属，效果都不很理想。

过了一段时间，爱迪生对前边的实验工作做了一个总结，把自己所能想到的各种耐热材料全部写下来，总共 1600 种之多。

接下来，他与助手们将这 1600 种耐热材料分门别类地开始试验，可试来试去，还是采用白金最为合适。由于改进了抽气方法，使玻璃泡内的真空程度更高，灯的寿命已延长到 2 个小时。但这种由白金为材料做成的灯，价格太昂贵了，谁愿花这么多钱去买只能用 2 个小时的电灯呢？

实验工作陷入了低谷，爱迪生非常苦恼，一个寒冷的冬天，爱迪生在炉火旁闲坐，看着炽烈的炭火，口中不禁自言自语道："炭……"

可用木炭做的炭条已经试过，该怎么办呢？爱迪生感到浑身燥热，顺手把脖子上的围巾扯下，看到这用棉纱织成的围脖，爱迪生脑海突然萌发了一个念头：

对！棉纱的纤维比木材好，能不能用这种材料？

他急忙从围巾上扯下一根棉纱，在炉火上烤了好长时间，棉纱变成了焦焦的炭。他小心地把这根炭丝装进玻璃泡里，一试验，果然效果很好。

爱迪生非常高兴，紧接着又制造了很多棉纱做成的炭丝，连续进行了多次试验，灯泡的寿命一下子延长到13个小时，后来又达到45个小时。

这个消息一传开，轰动了整个世界。使英国伦敦的煤气股票价格狂跌，煤气行业出现一片混乱。人们预感到，点燃煤气灯即将成为历史，未来将是电光的时代。

大家纷纷向爱迪生祝贺，可爱迪生却丝毫无高兴的样子，摇头说道："不行，还得找其他材料！"

"怎么，亮了45个小时还不行？"助手吃惊地问道。"不行！我希望它能亮1000个小时，最好是16 000个小时！"爱迪生答道。

大家知道，亮1000多个小时固然很好，可去找什么材料合适呢？

爱迪生这时心中已有数。他根据棉纱的性质，决定从植物纤维这方面去寻找新的材料。

于是，马拉松式的试验又开始了。凡是植物方面的材料，只要能找到，爱迪生都做了试验，甚至连马的鬃毛、人的头发和胡子都拿来当灯丝试验。最后，爱迪生选择竹这种植物。他在试验之前，先取出一片竹子，用显微镜一看，高兴得跳了起来。于是，他把炭化后的竹丝装进玻璃泡，通上电后，这种竹丝灯泡竟连续不断地亮了1200个小时！

这下，爱迪生终于松了口气，助手们纷纷向他祝贺，可他又认真地说："世界各地有很多竹子，其结构不尽相同，我们应认真挑选一下！"

助手们深为爱迪生精益求精的科学态度所感动，纷纷自告奋勇到各地去考察。经过比较，在日本出产的一种竹子最为合适，便大量从日本进口这种竹子。与此同时，爱迪生又开设电厂，架设电线。过了不久，美国人民便用上这种价廉物美，经久耐用的竹丝灯泡。

竹丝灯用了很多年。直到1906年，爱迪生又改用钨丝来做，使灯泡的质量又得到提高，钨丝灯一直沿用到今天。

当人们点亮电灯时，每每会想到这位伟大的发明家。是他，给黑暗带来无穷无尽的光明。1979年，美国花费了几百万美元，举行长达一年之久的纪念活动，来纪念爱迪生发明电灯一百周年。

留住美好瞬间的照相机

照相是一种能把有形之物原样不变地记录下来的技术。古代，人们为了把物体的形状记录下来，只有采取绘画的方法。但再高明的画师，也难以把物体的原形毫不走样地记录下来。

为了解决这个问题，人们利用光学原理发明了照相机。最原始的照相手法就是所谓的"针孔照相"。这是通过针孔使物体的像映照在墙壁上的做法。例如著名画家达·芬奇就曾用这种方法把风景准确地映照在墙上。但是，这种针孔照相本身并不能记录，只是投影而已。达·芬奇为了把针孔投影记录下来，曾经对投影的像用铅笔描绘，作为记录。

1802年，英国人维丘德首

先利用硝酸银的感光作用，把硝酸银涂在纸片上，制成了印像片。1827年，法国人尼布斯在锡板或玻璃板上撒上沥青粉末，上面再敷上一层油或蜡，使之成为半透明体。在阳光下，经过长时间照射，可以留下实物的白色影子，制成不会消逝的照片。但是，每拍一张这样的照片，就要在阳光下晒上6~8个小时，这样复杂的过程显然不适合实际使用。

到了1839年，照相技术有了新进展。一位叫达盖尔的法国学者在一个偶然的机会里发现了一种新的感光材料。达盖尔在研究照相技术时，无意中把一把银匙放在用碘处理过的金属板上，过了一会儿，达盖尔发现这把银匙的影子居然印到了板上。这一现象使他大为吃惊。于是他专门磨制金属板，并在上面涂了碘，用镜头进行拍摄，果然拍下了薄薄的影子。这一成功，极大地鼓舞了达盖尔的信心。

达盖尔继续向突破照相技术的最后难关进军。又是一个偶然的发现帮了他的大忙。有一天，达盖尔到药品箱中找药品，突然看到过去曾经曝过光的底片上，影像已经变得十分清晰。这是什么原因呢？为了找到答案，他每天晚上将一张曝过光的底片放在药箱里，第二天早晨，在取出底片的同时取出一瓶药。他想：如果某一种有效药品被取出箱外，再放进曝过光的底片就不可能显现清晰。

但是使达盖尔意外的是，当箱子里的药品全部取完后，底片仍然显像清晰。这不禁使达盖尔十分惊异。为了彻底查清原因，达盖尔把箱子翻来覆去进行反复检查，终于发现了箱子里有一些小水银珠。他立刻意识到，奇迹一定是水银造成的。经过分析后达盖尔认为：因箱子里温度较高，使水银蒸发影响底片使其显像良好。

为了证实这一判断，达盖尔把曝过光的底片放在暗室里，用水银蒸气进行试验，果然取得了预期效果。这样，达盖尔就解决了照相的关键技术——显影问题。接着，他又解决了定影技术，从而彻底解决了照相技术问题。达盖尔的发明和现在的照相技术基本上是相同的。所以，照相技术的发明应当归功于达盖尔。

快速煮饭的高压锅

高压锅作为厨房用具的历史并不太长，但它的出现却是300多年前的事了。发明高压锅的是法国科学家帕平，他于1647年出生于法国的布卢瓦，后来到伦敦，担任著名科学家波意耳的助手。

由于他有很多发明创造，所以成为了英国皇家学会会员。

帕平早就有发明高压锅的念头。他想，既然水沸腾的温度可以随着压力的升高而上升，那么，要是把盛水的容器密封起来，在使蒸气不外泄的情况下加热，容器内的压力增高，沸点也会超过100℃。如果把食物放在这样的容器里，一定会熟得更快，煮得更烂。

按照这一设想，他开始进行试验。

在密闭的容器里给水加热是很危险的。因为蒸气不能外泄，它对容器的压力就要大大升高，最后就会像炸弹一样引起容器爆炸。

为了使容器内的压力不至于太高，帕平发明了一个减压装置，用它使蒸气在达到危险压力以前就放泄出去，这个装置就是现在高压锅上的"安全阀"。

帕平给他发明的安全高压锅取了个名字叫"消化器"。

高压锅的初次使用是在皇家学会会员的一次集会上,帕平用他发明的高压锅做了菜请大家品尝,给大家留下了深刻的印象。

当时出席这次集会的皇家学会会员约翰·叶维林在他的日记中这样写道:

"1681年4月12日。这天下午,几位皇家学会会员受帕平的邀请共进晚餐。席上的鱼、肉全是用帕平的'消化器'烧煮的,连最硬的牛羊肉都煮得像奶酪一样稀烂,只用了8盎司(约227克)的煤就煮出了大量的肉汁。用牛骨煮的肉冻香气扑鼻,是我从未吃过、也从未见过的。"

1681年,帕平写了一本书介绍这种装置,这本书包括一幅高压锅结构图和详细说明其结构的文字,并用若干章的文字详细介绍了用压力锅做羊肉、牛肉、兔子肉、鸽子肉、鲭鱼、狗鱼、大豆、青豆等食物的情况。

帕平一再强调说,用这种烹调法能保留用其他方法不能保留的香味和营养成分。

英皇查理二世对这一发明极感兴趣,并特地命令帕平为他制造了一个,放在白金汉宫中国王的实验室里。

若干年后,帕平开始任皇家学会的临时实验室主任,1712年前后逝世于伦敦。

能够让食物保鲜的小"屋子"

对于现代家庭来说,电冰箱是不可缺少的。

有了它,才能在炎热的夏天保持食品的新鲜,才能造出各种清凉的饮料。

古时候,有钱人家让人从高山上或结冰的江河湖泊中把封冻的冰块取来,贮存在地窖里,作为食物保鲜之用。

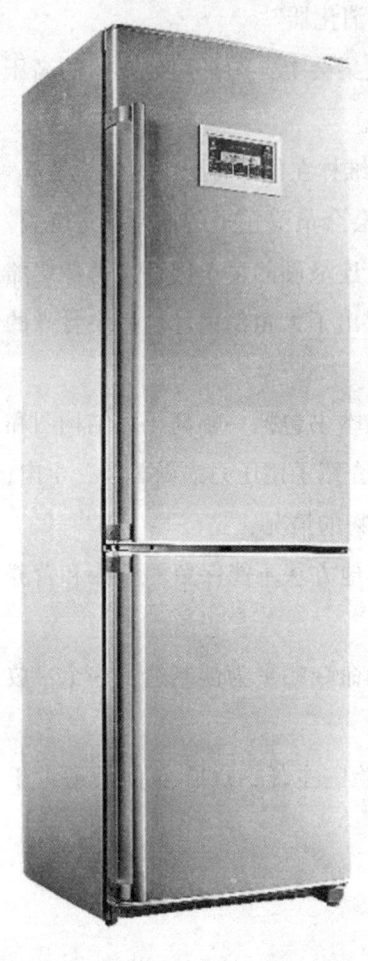

在过去的农村里,也有一种把新鲜肉类或果品吊在深水井里的办法,利用水井中的低温来延长保存的时间。

但这些方法都比较费事,不便于家庭使用。

直到制冷机发明之后,才使人们找到了一种更为科学的保鲜方法。

制冷机是怎样发明的呢?制冷原理的发现者是英国著名的物理学家法拉第。

他在1822年发现,给氨或氯之类的气体加压,就可以使它变成液体,取消压力之后,它又重新变成气体。

50年以后,德国化学家林德提出了一个设想:如果利用法拉第发现的现象,先加压使氨气液化,然后将此液化物向一个狭小的空间放出,它会立即蒸发成气体,同时吸收蒸发热,使周围的温度下降。

如果使这一过程在密闭容器中反复进行,那就会实现人工冷冻。

按照这一设想,林德进行了反复试验,终于在1873年发明了冷冻机。

但这种冷冻机有一个明显的缺点,就是一旦发生故障,氨气外泄,就会臭气逼人,影响左邻右舍。

为了改进冷动机,1930年美国通用汽车公司研究所所长凯特灵受一家冷冻公司的委托,开始研制新的冷媒。

凯特灵把研制任务交给了自己的得意门生米吉里。

米吉里和他的另外两位年轻的同事合作,经过系统的研究,终于找到了二氟二氯甲烷这种最适宜的气体化合物,并通过动物试验,证明它无毒。

他们给这种气体化合物起了个商品名叫氟利昂,并成立了一家化学公司,专门进行氟利昂的生产。

随着新冷媒氟利昂和小型制冷机的出现，电冰箱很快进入了千家万户，给人们的生活带来了很大方便。

味精使食物变得更可口

味精是人们所爱用的调味佳品，它早已风靡世界，几乎走进了每一个家庭。味精的发明者是日本的池田菊苗，商标名称叫作"味之素"。

说到味精的发明，也有一段故事。

1908年的一个夜晚，东京大学化学教授池田菊苗还在实验室里和助手一起进行着实验，到晚上9点多钟，他们才结束工作，早已饥肠辘辘的池田菊苗匆匆赶回家去吃饭。

饭桌上，池田菊苗大口地吃着夫人准备好的晚饭，感到十分可口。

饭吃完了，池田夫人又端来一碗汤。池田喝了一口，感到这碗汤特别鲜美。

他一边喝，一边仔细端详着这碗汤。他看到碗里不过是一些细细的海带丝和几片薄薄的黄瓜片，并没有其他什么东西。

池田菊苗就问妻子，这碗汤加了什么东西。池田夫人回答说，除了海带和黄瓜，别的什么东西也没有放。

海带是北海道产的，刚从展销会上买来。

当天晚上的饭桌上，"海带为什么有它特殊的鲜味"成了一家人谈话的主题。

第二天，池田把妻子做汤剩下的海带带到实验室，开始对海带进行一番详细的化学分析，试图找出有鲜味的成分来。

经过半年的研究化验，池田终于从海带中提出了可以增加鲜味的成分——

谷氨酸。

下一步的问题，就是如何制取谷氨酸了。从海带中只能提炼出微量的谷氨酸，而且代价较高，缺乏实用价值。

池田想：在海带里含有谷氨酸，在别的东西里是否也有呢？经过反复研究，终于发明了从小麦中提取谷氨酸的方法。

就是把小麦粉进行浸泡，洗掉其中的淀粉，取出所谓的"面筋"，再加上盐酸，一起放在高压罐里加热，使其水解。

然后，把水解液存入结晶槽里放上10天，使它慢慢冷却，谷氨酸便成了盐酸盐而分离出来。

这时再加苛性钠（烧碱）中和，谷氨酸就变成谷氨酸钠——味精。

其实，在池田菊苗之前，早就有分离出来的谷氨酸了。

德国化学家李特豪森在研究氨基酸的过程中就曾分离出了谷氨酸。但谁也没有发现谷氨酸具有鲜味这一特点。

而池田则在偶然中发现了谷氨酸可以助鲜的秘密，并进而发明了味精。

能够提神的咖啡

关于咖啡的发现，有一个著名的传说。

大约在公元850年，有一个叫卡尔迪的阿比西尼亚牧羊人，他发现自己的山羊有一种奇怪的举动：一直在啃一种常青的灌木。

于是他决定尝几颗这种植物的干果。一尝之后他发现，这种干果能起兴奋作用，便到处宣扬他的发现。他碰到了一个在祈祷时老爱打瞌睡的老人，便劝这位老人尝一尝这种植物的干果。

老人尝了之后，果然有了精神。于是咖啡便传播开来，成了人们喜欢的一种饮料。

原来这种常青植物含有咖啡因，而少量的咖啡因就能通过对中枢神经系统、心脏、血管和肾脏的作用而使人出现兴奋状态。

由于咖啡对人有刺激作用，所以在从阿比西尼亚出口到也门和其他阿拉伯国家之后几百年间，咖啡在成为一种非常普遍的饮料的同时，也引起了很大争议，出现了无数次禁止饮用的情况。但由于它深受人们的欢迎，最终还是无法禁止。

1838年，美国国会开始用咖啡来取代美国士兵和海员给养中的朗姆酒。最开始时是用咖啡汁，但事实证明液体式的咖啡并不适用。

生活在芝加哥的一个叫加藤佐取的日本化学家发明了粉末状的速溶咖啡，并于1901年开始出售。

1906年，一个叫华盛顿的美国化学家研究了一种精制的速溶咖啡，并在市场上大量出售。

在第一次世界大战期间，美国陆军部购买了国内生产的全部速溶咖啡，给咖啡业以巨大刺激。

在第二次世界大战中，美国政府购买了二亿六千万磅的速溶咖啡，全部供应部队使用。

普通的粉状咖啡是一种不溶的浓缩物，生产过程的第一步是把绿色的咖啡豆混合起来，第二步是烘烤，第三步是磨碎，然后用蒸馏法有效地提取。

20世纪60年代咖啡采取了一种新的干燥法。

这种方法是先把提取物进行冰冻，然后放在真空内去掉水分，留下干的浓缩物，再把它制成速溶的固体颗粒，这样制造的咖啡具有更加美妙的香味。

简单方便的拉链

拉链的出现是两个世纪之前的事。当时，在欧洲中部的一些地方，人们试图通过带、钩和环的办法取代纽扣和蝴蝶结，于是开始进行研制拉链的试验。

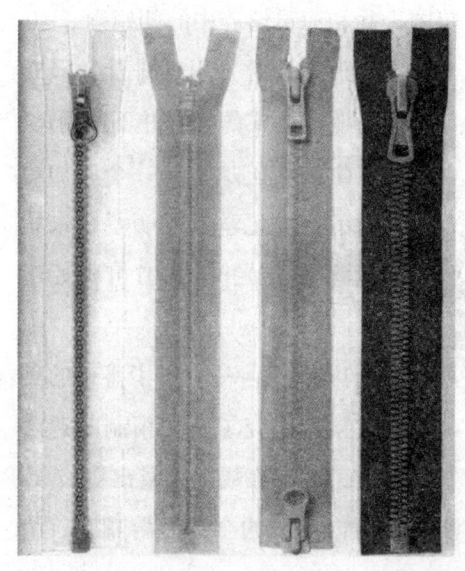

1893年，一个叫贾德森的美国工程师，研制了一个"滑动锁紧装置"，并获得了专利，这是拉链最初的雏形。这项装置的出现，曾对在高筒靴上使用的纽扣扣钩造成了影响。但这一发明并没有很快流行起来，主要原因是这种早期的锁紧装置质量不过关，容易在不恰当的时间和地点松开，使人难堪。

1913年，瑞典人桑巴克改进了这种粗糙的锁紧装置，使其变成了一种可靠的商品。他采用的办法是把金属锁齿附在一个灵活的轴上。这种拉链的工作原理是：每一个齿都是一个小型的钩，能与挨着而相对的另一条带子上的一个小齿下面的孔眼匹配。这种拉链很牢固，只有滑动器滑动使齿张开时才能拉开。

拉链最先用于军装。第一次世界大战中，美国军队首次订购了大批的拉链给士兵做服装。但拉链在民间的推广则比较晚，直到1930年才被妇女们接受，用来代替服装上的纽扣。

拉链是在1926年获得现在的名称的。据报道，一位叫弗朗科的小说家，在推广一种拉链样品的一次工商界的午餐会上说："一拉，它就开了！再一拉，它就关了！"十分简明地说明了拉链的特点。拉链这个词就是这样来的。

衣服上的扣合物件

纽扣的出现，是一个重要发明。它不仅是人们衣服上必不可少的东西，而且是重要的装饰品。纽扣是什么时候发明的呢？据有关资料介绍，在公元前3000年就有了纽扣。比如，在印度谷的莫亨乔达罗发现了一个用贝壳雕琢成的护身符，护身符上穿了两个孔，这很可能是当作纽扣来使用的。

从中世纪的晚期起，人们不仅用纽扣来固定东西，而且还用它做装饰品。在13世纪的英国，衣服用纽扣来装饰。纽扣是用一般金属制作，或者用银、镀金材料制作。

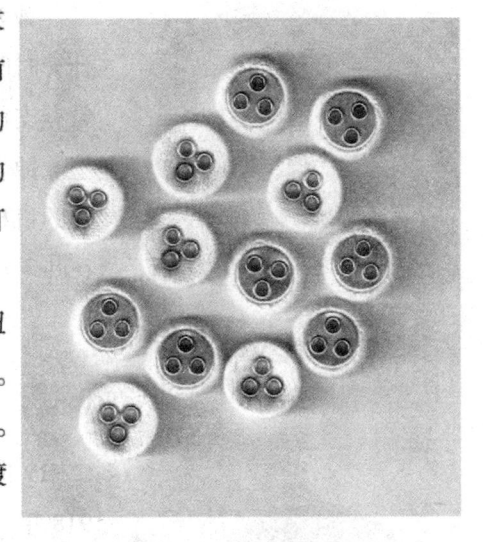

用纽扣扣衣物大约是在14世纪开始的，这时的纽扣用贵重金属、水晶和玻璃之类的东西制作，多为妇女所使用。这些纽扣从肘部一直扣到袖口。纽扣普及的先决条件，是价格便宜。在18世纪，伯明翰变成了英国制造纽扣的中心。由于产量逐渐增加，机械的效率越来越高，纽扣的价格就慢慢地降了下来。此时的纽扣大都是用薄金属板冲压而成，纽扣背面焊上穿线孔。

1807年，一个叫桑德斯的丹麦人又发明了一种制造纽扣的新方法，这种方

科学发明与创造

法是用机械把两个金属圆片扣在一起。他的儿子在1825年用比较灵活的帆布凸出背面取代了金属背面，这样就大大降低了纽扣的造价。

19世纪，制造纽扣的材料多了起来。其中有两项最重要的创新，即用软化的牛蹄制作角质纽扣和用一种坚果的核制作纽扣，两者的造价都十分便宜。

钟表让你更准确地把握时间

钟表是用来显示时间的仪器，它能够精确地计算时间，时刻让我们感觉到时间的存在。钟通常有支柱使它可以站立或悬挂，表则戴在手腕上。钟表并非生来就是现在的样子。有时针和分针的机械钟表直到17世纪时才出现，但人们早在几千年前就已懂得使用计算时间的计时器了。

先进的现代钟表

19世纪时，首次出现以电力驱动的钟。到了1918年，钟还可利用电源传来的信号计时。今天，很多钟表都利用石英晶体内的自然震动（每秒10万次）来计时，并用电池推动。有些很小的表，还可以设计制作得像部小电脑，在内部设置闹钟和秒表，及其他一些先进的附加功能，如打电话、上网和定位等功能。

除垢去污的肥皂

肥皂是洗涤去污用的日用化学制品。一般洗涤用的肥皂用油脂和氢氧化钠制成。肥皂虽然是一种很平常的家庭用品,但是人们的生活却离不开它。它对洁净人们的生活环境起着重要作用。比如妈妈在洗衣服的时候是不是常常用到肥皂?只要肥皂上场,衣服上的脏东西便逃之夭夭。那么这是怎么回事呢?

清洁夫肥皂的发明

肥皂是由尼罗河谷的埃及人最先发明的。公元前1000年左右,古埃及人已开始用油脂和草木灰煮制肥皂了。约公元前600年,腓尼基海员学会了古埃及人制造肥皂的技术,并把这项技术带到地中海沿岸。18世纪末,人们发明了由食盐制成的碱取代草木灰,用橄榄油、棕榈油、麻油等植物油代替动物脂肪制造肥皂的方法,清洁效果非常好。

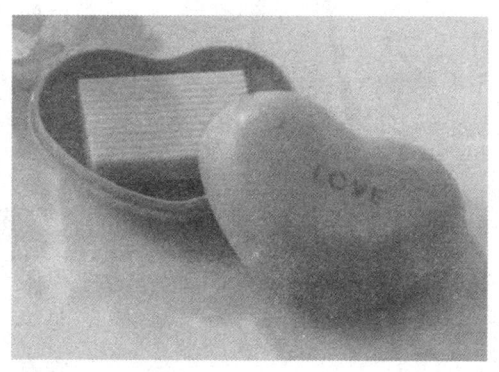

肥皂的制造过程

各种用来洗涤物品的肥皂都是在强碱中加入植物油或动物脂肪制成的。制造肥皂时需要高温和高压，这个过程能够制造出肥皂和甘油物质，接着用浓盐溶液洗掉甘油，再把熔化了的肥皂倒进搅拌器，加入香料、防腐剂和增白剂或颜料。熔化了的肥皂冷却后便可切成合适的大小形状或用模子成型，从而制成肥皂成品。制成的肥皂中的亲油成分把皮肤或衣物表面的油性污垢分解，亲水成分使油性污垢浮起，从而可以用水将其冲走。

真空吸尘器——除尘好帮手

真空吸尘器是一种用来清除灰尘、粉末等脏物的机器，一般使用电动抽气机把细小的脏东西吸进去。真空吸尘器发明之后就直接与家务联系到了一起，现在人们不再为满室的灰尘感到烦恼，因为只需轻按电钮，就可解决这个问题了。

真空吸尘器的发明

英国工程师赫伯特·布思在1901年制造了第一台可真正使用的真空吸尘器，而且是第一台有一个高效过滤器的真空吸尘器。它有一块留住污物的滤布。能让干净的空气

重新回到房间。从那以后，各种真空吸尘器都基本采用了布思的这个设计原理。1906年，布思又制成了家用的小型吸尘器。不过仍有40千克重，显得十分笨重。布思的吸尘器给美国发明家斯彭格勒留下了深刻的印象。斯彭格勒在前人设计的基础上制作了一台较小的供家庭使用的吸尘器，并且把这个设计的专利卖给了马具制造商威廉·胡佛。1908年，胡佛着手生产这种小型的吸尘器。结果产品受到了人们的欢迎。从那时起，真空吸尘器就以"胡佛"牌而广为人知。

真空吸尘器的原理

现代真空吸尘器的主要部件真空泵、集尘袋、软管及各种形状不同的管嘴。机器内部有一个电动抽风机，通电后高速运转，使吸尘器内部形成瞬间真空，内部的气压大大低于外界的气压。在这个气压差的作用下，尘埃和脏东西随着气流进入吸尘器桶体内。再经过集尘袋的过滤，尘垢留在集尘袋里，净化后的空气则经过电动机重新逸入室内，起到冷却电机、净化空气的作用。

真空吸尘器的分类

吸尘器的种类较多。主要有立式、卧式、便携式等几种类型。立式呈圆桶形或方形居多,分上、下两部分,上部装有电机,是动力部分,下部为集尘箱;卧式呈长方形或车型状,有前后两部分,前部为集尘箱。后部为电机部分;便携式一般有四种形式,即肩式、杆式、手提式和微型式。

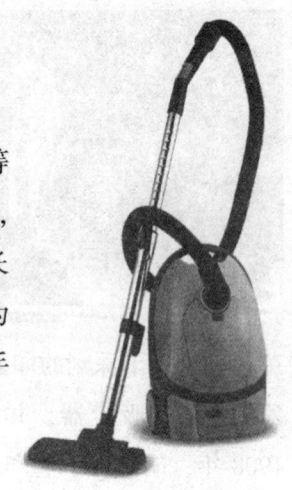

棋盘上的战争

作为一项重要的国际性体育竞赛项目的国际象棋,有着悠久的历史。

正因为如此,对于究竟是谁发明了国际象棋这个问题,似乎没有很权威的定论,但现在一般人都认为,它起源于古印度,发明人是生活在印度西北部的一个叫西萨的印度人,时间大约在公元5世纪末叶。

据说因为当时的

印度国王对流行的15人游戏已感到厌倦，所以西萨为国王发明了一种新的棋类游戏——国际象棋。

当然，西萨当初的发明并不叫国际象棋，其内容与规则与现在的国际象棋也大不相同。

当时，人们把西萨的发明称为"查图兰加"（意为"四部分"），它是一种战争游戏，有"象""马""车""兵"四种棋子，而这四种棋子正好代表了当时印度军队的组成，这种游戏不同于同类的其他游戏的关键所在，是发明人使每一种棋子的移动方式都粗略地模仿它所代表的战斗单位：国际象棋中的车起源于战车，能够沿任何方向的直路前进，而马则能跨越障碍，但不能在一步尚未跳完时停下来。

国际象棋在8世纪末通过克什米尔传到中国，然后再传到朝鲜和日本。它又很快向西传到波斯。

阿拉伯人在7世纪侵犯波斯时学会了这种游戏，从此，它便在阿拉伯国家迅速传开。到11世纪，国际象棋通过西班牙传到了欧洲。

从那时以来，国际象棋逐步成为一种非常普及的游戏。这种游戏一直在发展变化。到16世纪时完成了最后一个重要改革，就是加上了用车护王的走法。

国际象棋的棋盘黑白相间，纵横8格，共64方格，分黑白两方，各有一王、一后、双车、双象、双马和8兵。

各子走法不同，以把对方"将死"为胜。双方如不能"将死"或有"长将""长杀"，某方无子可动，局面重复出现三次以上等情况，均可根据"规则"列为和局。子路运行全盘，战术相当复杂。

1475年，卡克斯顿出版了《国际象棋谱》，表明国际象棋在英国已非常普及。

16世纪，出现了葡萄牙棋手达米亚诺和西班牙棋手洛佩兹等研究国际象棋的文章。

在19世纪，英国曾由于有斯汤顿这样的棋手而称霸棋坛。从那以后，各国的棋坛新秀不断出现，俄罗斯、古巴、波兰、瑞典、美国和中国的棋手都曾荣获过国际象棋的冠军。

第二章
传媒通信中的发明与创造

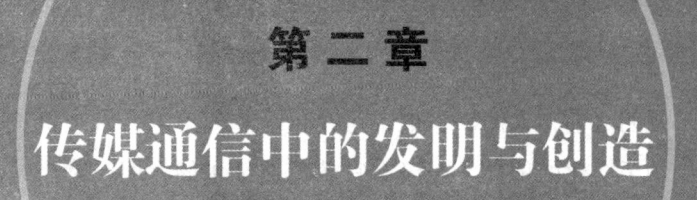

蔡伦的伟大发明

造纸术发明之前,人们都是把字写在竹简和丝帛上,由于承载的笨重和造价昂贵,制约了文化的传播。东汉宦官蔡伦造纸术的发明,对当时乃至后世都有极其重要的影响,造纸术与指南针、火药、印刷术并称为中国的四大发明,对世界文明的进步做出了巨大贡献。

蔡伦,东汉桂阳(今湖南郴州)人。他出身低微,很小就入宫做了太监,服侍汉和帝。蔡伦聪明识字,又谨慎好学。平时他不喜欢和人交往,经常把自己关在屋里读书思考。

汉和帝即位后,蔡伦被提升为中常侍,出入宫廷内外,平时服侍皇帝,负责掌管文书,传达皇帝的命令。当时许多外官经常和宦官结交,但是蔡伦却能坚守原则,并不随便与人交往,因此汉和帝更加信任他。蔡伦敢于指出和帝不对的地方,因此也很受和帝的器重,经常参与朝政。

蔡伦是一个喜欢思考和有所发明的人,汉和帝永元九年(公元97年),蔡伦升任尚方令,负责掌管皇帝的手工作坊,这个作坊是皇家的私人作坊,主要是为皇家服务。

蔡伦在监管作坊期间,经常和匠人一起切磋制造器械的技术,由他监管制造的各类军械、宝剑，十分精良、锋利，被天下人赞叹。他在这方面的才能也开始逐渐显露出来。

东汉以前，人们通常都用竹简和丝帛作为记载文字的工具，有些很长的奏章要用许多竹简，翻阅起来非常不方便，也难于随身携带，而用丝帛作为书写的载体，虽然方便，但是很昂贵，普通人家根本承担不起这样的费用。

蔡伦平常喜欢读书，对于竹简带来的种种不便深有感触，制造出一种轻便的、价格低廉的书写工具，成为蔡伦的一个梦想，为了实现这个梦想，蔡伦翻阅了许多前人的资料。

有一天，蔡伦看到宫女们在用蚕丝制造各种丝织品，从她们的制造过程中，蔡伦顿时有了灵感，他连忙赶回去，和匠人们共同研究，把树皮、麻头、破布、渔网等混合在一起，捣碎弄烂，然后将这些东西糅合在一起，拌匀后晾干，经过反复的实验和研究，蔡伦终于制造出了廉价和实用的纸张。

东汉和帝元兴元年（公元105年），蔡伦把发明纸的过程详细地记录下来，连同自己制造的第一张纸，一起奉献给汉和帝，请他过目。

汉和帝亲自试验后，非常满意，重重赏赐了蔡伦，并把制造纸的方法颁布天下，蔡伦的造纸术马上在各级社会阶层中传播开来，受到广泛的欢迎和喜爱。

为了赞颂蔡伦的杰出贡献，当时人们把这种纸叫作"蔡侯纸"。蔡伦的名气越来越大。

科学发明与创造

传承文明的活字印刷

印刷术是我们伟大的中华民族的四大发明之一,是对世界文化发展的重大贡献,距今已有1300多年的历史了。

我国最早的印刷术,是雕版印刷术,方法是先把木板刨平,锯成两页书大小。

然后在板面上抹上一层糨糊,把写好的文稿薄纸翻贴在板面上。雕刻匠用刻刀把一个个字刻出来。如果让字凸出来,这叫阳文版;如果让字凹下去,就叫阴文版。

印刷的时候,先在制好的文字版上刷上油墨,然后把白纸盖到版上,用刷子轻轻刷平,文字就转印在纸上了。

一页页刻好,一页页印好后再分装成册,一本书就出版了。

雕版印刷实行了一段时期之后,人们渐渐发现这种方法太费工料了,因此,人们迫切要求改进印刷技术。

我国北宋时期,有一个优秀的刻字工人名叫毕昇。是他,不断总结前人的经验,历时八九年的艰苦钻研,终于创造出泥活字印刷术。

他首先用泥土做成一个个小型四方长柱体,把顶端切平后刻上一个个单字,然后再放入火中煅烧以增强它们的硬度,使每一个字都像小巧玲珑的小瓷砖一样。

  烧好后，他又把每个字按韵排列好。每到印刷时，就按着底稿的要求将字拣出来，一行一行排在铁板上，周围用铁框扎紧。

  为了使每一块活字版形成一个坚固的整体，除了周围用铁框外，预先在铁板上放一些松脂、蜡等黏合物。

  当把每块活字版在火上烤的时候，它们就熔化了，这时可以趁势用平板将活字压平，冷却后，活字就牢固地固定在铁板上了。然后刷上油墨，把白纸盖在活字板上印刷，印完后，可以再将铁板烤热，松香熔化了，就可以将活字一个个再拣起来，排列好，保存好，以备以后再用。

  这样印书，既方便，又省工料，大大加快了印刷速度和效率。

  继毕昇之后，1314年，山东农民王祯，又创造出了木活字印刷术。1488年，无锡一个名叫华燧的人，又创造了铜活字印刷术。

  在我国毕昇发明活字印刷术的400多年后，德国人谷登堡于1445年研究成功了利用铸造的铅活字，进行活版印刷的技术。

  古登堡还研制成功了木制印刷机，制成了调油墨，大大提高了印刷的速度和质量，为印刷的机械化做出了重大贡献。

罗兰·希尔发明了邮票

人类社会的发展，决定了人类单靠个人的力量是无法在地球上长期存活下去的。人类需要帮助，人类需要交流，信息传递成了人类生存必需的基本活动之一。

最初是打手势，之后发明了语言，用马拉松式的长跑传递口信。再以后发明了文字，开始书信传递，于是有了古代邮驿。

当时的邮资是按邮件运递路程和信件纸张数量逐件计算的，即"递进邮资制"，收费的标准也很高。

如果遇到江河泛滥、桥梁坍塌，信件就得多走几百千米，总计下来，邮资高得吓人。

如此昂贵的邮资，使平民百姓望而生畏，他们把寄信看成一件奢侈的事情。

19世纪30年代是改革的黄金年代，改革造就了一代英雄，罗兰·希尔发明了世界上第一枚邮票，在世界邮政史上树起了一座划时代的里程碑。

罗兰·希尔经过多年的调查主张大幅度降低邮费，实行邮件不分远近、一律收费1便士的均一邮资，他还提出使用"印刷精美的邮政用品"来预先支付邮资。

这种纸的大小与邮资图样大小相仿，背面涂上一层薄胶，人们只要沾湿背胶就可以将其贴在信件上，这就是罗兰·希尔关于邮票的最初创意。

为此，罗兰·希尔上书政府，提出了自己的改革建议，1839年8月17日，维多利亚女王批准了这个议案，决定英国自1840年1月10日起实行1便士均一邮资法。

罗兰·希尔也被女王任命负责邮政改革工作。

为了把创意中的1便士邮票变成现实，罗兰·希尔要求应该使用具有防伪性能并能在公众中取得信誉的图案作为邮票的图案，于是采用了威廉·怀恩创作的维多利亚女王的侧面头像，这样既显示了发行邮票的权威性，又通过邮票宣传了英国，宣传了女王。

邮票采用黑色油墨印刷，1840年4月15日，终于印出了世界上第一批邮票——黑便士邮票。

黑便士邮票原定于1840年5月6日发行，但有的邮局在5月1日就开始发售。

为表彰罗兰·希尔对邮政改革做出的杰出贡献，英国女王赐予他爵士称号，人们尊称他为"邮票之父"。

电话让声音漂洋过海

"我知道命运掌握在我自己的手中，我知道巨大的成功马上就要到来。"贝尔曾自信地向世界这样宣告。

贝尔1847年3月3日出生于英国苏格兰的爱丁堡。他的父亲是一位嗓音生理学家，并且是矫正说话、教授聋人的专家。

1862年贝尔进入著名的英国爱丁堡大学，选择语音学作为自己的专业，贝尔通过总结父辈们的经验进步很快。

1867年毕业后又进英国伦敦大学攻读语言学。就在此时,英国发生了大规模的肺病,贝尔先后失去了两个兄弟,其父带着全家迁居到加拿大以躲避瘟疫。

1869年22岁的贝尔受聘为美国波士顿大学语言学教授,担任声学讲座的主讲。在莫尔斯电报发明后的20多年中无数科学家试图直接用电流传递语音,贝尔也把发明电话作为自己义不容辞的责任。但由于电话是传递连续的信号而不是电报那样不连续的通断信号,在当时的难度好比登天。他曾试图用连续振动的曲线来使聋哑人看出"话"来,但没有成功。但在实验中,他发现了一个有趣现象:每次电流通断时线圈发出类似于莫尔斯电码的"嘀嗒"声,这引起贝尔大胆的设想:如果能用电流强度模拟出声音的变化不就可以用电流传递语音了吗?随后的两年内贝尔刻苦用功掌握了电学,再加上他扎实的语言学知识,使他如同插上了翅膀。他辞去了教授职务,一心扎入发明电话的试验中。在万事俱备只缺合作者时他偶然遇到了18岁的电气工程师沃特森。两年后,经过无数次失败后,他们终于制成了两台粗糙的样机:圆筒底部的薄膜中央连接着插入硫酸的碳棒,人说话时薄膜振动改变电阻使电流变化,在接收处再利用电磁原理将电信号变回语音。但不幸的是,试验失败了,两人的声音是通过公寓的天花板而不是通过机器互相传递的。

正在他们冥思苦想之时,窗外吉他的叮咚声提醒了他们:送话器和收话器的灵敏度太低了!他们连续两天两夜自制了音箱、改进了机器。然后开始实验,刚开始沃特森只从收话器里听到嘶嘶的电流声,终于他听到了贝尔清晰的声音"沃特森先生,快来呀!我需要你!"1875年6月2日傍晚,当时贝尔28岁,沃特森21岁。他们趁热打铁,几经半年的改进,终于制成了世界上第一台实用的电话机。

1876年3月3日(贝尔的29岁生日),贝尔的专利申请被批准,专利号为美国174465。其实,在贝尔申请电话专利的同一天几小时后,另一位杰出的发明家艾利沙·格雷也为他的电话申请专利。由于这几个小时之差,美国最高法院裁定贝尔为电话的发明者。

回到波士顿后两人继续对它进行改进,同时抓住一切时机进行宣传。两年后的 1878 年，贝尔在波士顿和沃特森在相距 300 多千米的纽约之间首次进行了长途电话实验。与 34 年前莫尔斯一样取得了成功。所不同的是他们举行的是科普宣传会，双方的现场听众可以互相交谈。中途出了个小小的问题：表演最后节目的黑人民歌手听到远方贝尔的声音后紧张得出不了声，急中生智的贝尔让沃特森代替，沃特森鼓足勇气的歌唱使双方的听众不时传来阵阵掌声和欢笑声，试验圆满成功。

1877 年，也就是贝尔发明电话后的第二年，在波士顿设的第一条电话线路开通了，这沟通了查尔期·威廉期先生的各工厂和他在萨默维尔私人住宅之间的联系。也就在这一年，有人第一次用电话给《波士顿环球报》发送了新闻消息，从此开始了公众使用电话的时代。

1922 年，贝尔逝世于加拿大巴德克，享年 75 岁。

菲洛·泰勒·法恩斯沃思发明电视

我们几乎每天都会看电视，但是却几乎没有人知道菲洛·泰勒·法恩斯沃思是谁。

2006 年 8 月 19 日是美国科学家菲洛·泰勒·法恩斯沃思诞辰百年的纪念日。他是全世界公认的电子电视的发明者，被称为"电视之父"。

1927 年，法恩斯沃思成功用电子技术把图像从摄像机传输到接收器上，这是公认的电视诞生标志。

法恩斯沃思于 1906 年 8 月 19 日出生于美国犹他州的农家。幼年的法恩斯沃思就表现出早慧的迹象，他对见过的任何机械装置具有摄影般的记忆力和天生的理解力。

法恩斯沃思的父母不断搬家以寻找较理想的居住地。当他们在爱达荷州定

居下来之后，11岁的法恩斯沃思得知他的新家装有输电线，欣喜若狂。他在家里的屋顶阁楼上发现了成捆的科技方面的旧杂志，开始自学并决心当个发明家。法恩斯沃思开始做试验，并在12岁时自制了一台电动车，后来又造出洗衣机供家人使用。

后来，法恩斯沃思开始认真地考虑研制电视。他几乎是本能地意识到用机械装置传送图像是不可行的。这名年轻人还有一个直觉，即令他感到新奇的物理学领域——电子学的研究——有可能掌握着解决这一问题的答案。无论如何，电子能够以机械装置不可比拟的速度移动，这就可以使图像清晰得多，并且意味着不需要活动元件。他由此推理，如果一个画面能转换成电子流，那么就能像无线电波一样在空间传播，最后再由接收机重新聚合成图像。从本质上看这是个相当简单的主意，但如此简单的想法却似乎没有任何人想到。

1921年，15岁的法恩斯沃思经常神不守舍地考虑着一个难题：怎样设计一个新颖的收音机，使它能够把移动的画面与声音一起传送？

他产生了用电传输图像和声音的想法。

不久后，他就画出一个传输器草图，并拿给老师贾斯廷·托尔曼看。这张简单草图，就是现代电视机和电视传输技术的雏形。

但是，想继续搞研究的法恩斯沃思却面临着许多现实问题。一方面，他没有足够资金；另一方面，没人会相信一个15岁孩子的话。

法恩斯沃思只好暂时搁置自己的设计。

高中毕业后，法恩斯沃思进入犹他州杨伯翰大学。但因父亲去世，他不得不中途退学。

退学后，法恩斯沃思来到加州旧金山，创立了属于自己的简陋实验室，继续他的研究。1927年9月7日，年仅21岁的法恩斯沃思成功利用电子技术，把画着一条线的玻璃板图像从摄像机传送到接收器上。虽然当时图像很不清晰，但这套设备运行良好。

几个月之内，不少投资者表示愿意向法恩斯沃思提供资金供他继续研究。1930年8月，美国政府授予法恩斯沃思专利权，使他的发明受到专利保护。

法恩斯沃思并没有就此止步，而是继续专注于电视传输设备研究，并发明了100多种电视传输设备，为现代电视最终成形做出了巨大贡献。

法恩斯沃思发明电视后不久，又有一些人宣布自己为电视发明者，其中包括美国无线电公司首席电视工程师弗拉基米尔·佐里金。

第一次世界大战后，俄国人佐里金移居美国，开始研究电子电视摄像机，佐里金把它称为"光电摄像管"，并于1923年为这项发明申请了专利。后来佐里金进入美国无线电公司，使他的研究工作获得顺利进展，在1933年研制成功电视摄像管和电视接收器。

法恩斯沃思的析像器与佐里金的光电摄像管虽然设计上有差别，但在概念上却很相近，由此引发了一场有关专利权的纠纷。美国无线电公司认为，佐里金优先于法恩斯沃思于1923年就为其发明申请了专利，但却拿不出一件实际的证据。而法恩斯沃思的老师拿着法恩斯沃思的析像器的设计图纸，为法恩斯沃思作证。

1935年，法庭最后判定法恩斯沃思胜诉。但这没能阻止美国无线电公司在第二次世界大战结束后大量生产和售卖电视机，还把佐里金和公司总裁戴维·萨尔诺夫推举为"电视之父"。而且，美国无线电公司在败诉多年后才答应付专利使用费给法恩斯沃思。

穿越空间的无线电

在现代信息社会中，无线电广播技术起着极为重要的作用。而广播技术的发明过程是很复杂的，它是多种重要发明汇合起来形成的一个大型技术。

无线电的发明是德国人赫兹的功绩。1889年，赫兹发现，在火花线圈的两端加上高电压使它发生火花，这时便从火花中射出电波，可以使远处的线圈产生电流，无线电的基础就是电波的利用。

有记载的首次成功的无线电广播是在1906年的圣诞节之夜。美国的费森登使用功率为1千瓦、频率为50赫兹的交流发电机，借助麦克风进行调制、播发讲话和音乐，许多地区，包括海上的船只都可清楚地收听到。

第一次世界大战前，许多国家进行无线电广播试验。大战期间，比利时、荷兰和德国出现一些地区性广播节目。正规的定时广播是从1920年开始的。

两年后，在美国约有600个广播台，100万听众。在英国，马可尼公司进一步试验，并于1922年5月在伦敦创办了著名的ZLD广播台。

无线电广播技术史上一个最重要的进展方向是使用波长的不断缩短。在20世纪20年代，所使用的波长是长波和中波。许多国家完全依赖中波。由于传播距离有限，不得不建立许多中继站。有些国家除中波外还利用长波，因为使用功率强大的发射机发射的长波，可以覆盖全国。

地面波传播理论使人们以为只有长波才能远距离传播，而波长在200米短以下的短波，由于传播距离极短，不会有什么用处。可是，大批无线电业余爱好者由于在长波波段的活动受到限制，一心想在较短波长的波段内创造奇迹。

第一次大战结束后，那些入了迷的业余爱好者积极探索用短波通信的可能性。他们夜以继日地在家中安装无线电装置，进行试验探索。1921年12月，在从美国到英国的试验中,利用200米波获得成功,从此短波传播成为长距离广播的主要方式。

与长波相比,短波传播可以做到有较强的方向性,因而用较低的功率就可以发射到较远的距离。所以200米短波广播试验成功后,对短波的研究进展很快,特别是荷兰的年轻工程师冯·贝茨利尔于1925年4月建造了一个波长约为30米的发射机,在5月13日的试验中,在印度尼西亚收到了这个发射机发射的信号。两个月后,在荷兰和印尼之间建立了短波无线电联系。

后来还发现,用特制的高频发射管制造的发射机可以向世界范围发射信号。1927年6月1日,荷兰女皇利用这种发射机向东、西印度群岛发表了广播讲话,这是第一个"世界广播系统"。从此,在长距离广播中,短波取代了长波。

利用波长更短的微波进行通信的研究早在20世纪20年代就开始了。1920年研制成功的巴克豪森板栅振荡器可以有效地发射40厘米微波,引起了人们对微波的兴趣。1929年,法国人克拉维尔开始研究如何利用微波进行通信。1931年3月,克拉维尔和他的同事在加来和多佛尔之间40千米的距离上进行试验,证明了微波通信的高质量、独立、灵活和经济。

1933年,他建立了英法之间的第一条商用微波无线电线路。20世纪40年代发现微波在对流层中的散射现象后,发展起微波超视距通信,它的特点是距离远、容量大、保密性好、适合于军事通信,但也有可靠性差和所需发射功率大等缺点。

莫尔斯发明电报机

几千年来，通讯技术曾经长期停滞不前。即使是外敌入侵、边城告急，除了狼烟报警之外，最快的办法也不过是驿站快马传送文书。

17世纪中期，英国海军推行了旗语，18世纪末，法国政府建立了信号机体系，这才在一定程度上解决了海陆快速传送消息的困难。

通信技术关键性的变革发生在19世纪中期。

1832年秋天，在大西洋中航行的一艘邮船上，美国医生杰克逊给旅客们讲电磁铁原理，旅客中41岁的美国画家莫尔斯被深深地吸引住了，并牢记住了这些。

他联想起自己所看到的法国信号机体系，它每次只能凭视力所及传信数千米而已；如果用电流传输电磁信号，不是可以在瞬息之间把消息传送数千千米之遥吗？从这以后，他毅然改行投身于电学研究领域。

莫尔斯于1791年出生在美国一个牧师家庭。他青年时研究绘画和雕刻，历任过若干艺术团体的负责职务。

他抛却了铺着荣誉地毯的艺术之路，转向尚处于幼年时代的电学，冒着失败的风险，在崎岖不平的科技之峰上努力攀登。

在试制电报机的过程中，莫尔斯的生活极为困苦，有时甚至挨饿。他节衣缩食，以购置实验用具。

1836 年，他不得不重操艺术家的旧业，以解决生计问题。

但他始终没有中断研究工作。由于坚持不懈地努力和友人的帮助，莫尔斯终于获得成功。

莫尔斯从在电线中流动的电流在电线突然截止时会进出火花这一事实得到启发，"异想天开"地想，如果将电流截止片刻发出火花作为一种信号，电流接通而没有火花作为另一种信号，电流接通时间加长又作为一种信号，这三种信号组合起来，就可以代表全部的字母和数字，文字就可以通过电流在电线中传到远处了。

经过几年的琢磨，1837 年，莫尔斯设计出了著名且简单的电码，称为莫尔斯电码，它是利用"点""划"和"间隔"（实际上就是时间长短不一的电脉冲信号）的不同组合来表示字母、数字、标点和符号。

1844 年 5 月 24 日，在华盛顿国会大厦联邦最高法院会议厅里，一批科学家和政府官员聚精会神地注视着莫尔斯，只见他亲手操纵着电报机，随着一连串的"点""划"信号的发出，远在 64 千米的巴尔的摩城收到由"嘀""嗒"声组成的世界上第一份电报。

第一封电报的内容是圣经的诗句："上帝做了何等的大事。"

智能时代的标志——计算机

说起电子计算机的历史，世界上公认中国的算盘是最早的手动计算机。

算盘包含了现代计算机的基本功能：歌诀相当于控制运算的指令；拨动算盘珠相当于计算的进行；算盘珠的位置表示计算结果，起贮存和记忆的作用。

1834年，英国数学家巴贝奇对计算机的发展做出了重要贡献。他提出用穿孔卡片携带计算指令控制计算过程，设计了包括控制部分、运算部分和存贮部分的机械式计算机。但由于缺少必要的技术基础，这种计算机没有造出来。

1937年，美国人艾肯设计了和巴贝奇方案类似的计算机。艾肯是哈佛大学物理系的研究生，他的设计得到了国际商业机器公司的支持。

1939年，这家公司派了4个有经验的工程师与年轻的艾肯合作。

到1944年，这台使用继电器的机电式计算机研制成功并投入使用，每秒运算三次。

差不多和艾肯同时代，德国人也试制成功类似的计算机。这些计算机的主要元件是普通电话里的继电器。

而继电器开关速度大约是百分之一秒，这就大大限制了运算速度，注定了机电式计算机必然是短命的。

第二次世界大战促进了电子计算机的发展。

在二战中，美国宾夕法尼亚大学的莫尔电工学院同阿伯丁弹道研究实验室共同负责，给陆军提供弹道表。这是一项十分困难的工作。每一张表都要计算几百条弹道，一个熟练的计算员用台式计算机计算一条飞行时间为 60 秒的弹道，要花 20 个小时。显然，已有的运算工具难以保证战争需要。

在此情况下，莫尔电工学院的莫希莱于 1942 年 8 月写了一份《高速电子管计算机装置使用》的备忘录，实际上提出了第一台电子计算机的初步方案。

这个方案得到了军方代表格尔斯坦中尉的支持，还引起了研究生埃克特的兴趣。经过格尔斯坦向军方申请，得到了 15 万美元的研制经费。

这样，研制小组正式成立并开始了工作。

24 岁的埃克特担任总工程师，30 多岁的莫希莱提供了计算机的总体设想，格尔斯坦则是个精明强干的组织者。

1945 年底，这台计算机研制成功，第一台电子计算机出世了。

这台计算机由控制、运算、存储、输入、输出 5 部分组成，每秒钟运算 5000 次，比原来的计算机快一千多倍。

制作这台计算机，共用 1.8 万个电子管，7 万只电阻，10 万只电容，重 30 吨，耗电 140 千瓦，占地 170 平方米，差不多有十间房子大小。它的实际造价约为 48 万美元。

在这台计算机制造过程中，科学家们就已考虑设计更先进的计算机了。

1944 年夏季的一天，参加原子弹研制工作的冯·诺伊曼遇见了格尔斯坦，在交谈中了解到计算机的研制工作。冯·诺伊曼很感兴趣，几天后，他专程赶到莫尔，参加了对计算机的改进工作。

1944 年 8 月到 1945 年 6 月，在冯·诺伊曼的领导下，研制小组制订了新的改进方案。重大改进有三方面：一是把十进位制改成二进位制。二是利用包含水银柱的特殊电路做存储器。三是把程序外插变做程序内存。

按照这一新的设计，1949 年英国首先研制出程序内存计算机，它有一个可以贮存一千多个数据的存储器。后来，美国也研制、生产和使用了程序内存计算机。

程序内存的电子管计算机常称作第一代电子计算机。它结构复杂，价格昂

科学发明与创造

贵,调试困难,因此发展不快。

1956年,用晶体管制成了电子计算机,这是第二代电子计算机,其运算速度成百倍地增长。20世纪60年代初,每秒运算几十万次的晶体管计算机问世。1964年,每秒二三百万次的大型晶体管计算机研制成功,并且成批生产。

20世纪60年代初期,集成电路取代了晶体管,出现了第三代计算机。20世纪60年代末期,每秒千万次的大型计算机投入使用。到20世纪70年代,大规模集成电路在计算机中取代集成电路,电子计算机进入了第四代。1978年每秒一亿五千万次的巨型计算机已经在运行。

由于集成电路和大规模集成电路的发展,计算机出现了向小型化和微型化发展的趋势。

目前计算机技术仍在发展之中,今后还会有什么新的突破,尚需拭目以待。

不用笔也能显字的打印机

打字机作为一种重要的现代办公用具,是在18世纪初发明的。1714年1月7日,安妮女王向一个叫米尔的工程师颁发了一份专利证书。证书上说:"他谦恭地请求把他的发明献给我们。这是他花了许多的时间和精力,不惜破费,终于研制成功,后来又逐步改进,使之臻于完善的人造机器或方法,用它可以把字母单个或连续地打印出来，就像在书写一样。不管什么样的作品都能整齐而准确地打印在纸上或羊皮纸上，跟印刷的没有区别。"

关于米尔的新发明，没有图纸或模型存留下来，有些人认为它可能只是一张图纸。虽然这样，人们还是普遍认为米尔是打字机之父。然而，打字机并没有很快推广。这是因为18世纪并不急需打字机。

当时人们仍然习惯于使用笔录的方法。像拿破仑的秘书梅内瓦尔和布里内，能够将这位伟大人物的谈话记录下来，即使他以普通的速度讲话，一连讲数小时，他们也能记得很清楚，而且准确无误。在以后的100年里，出现了许多关于机械记录器的论文，但机械记录器还只是一种设想，并未制造出来。

1829年，美国底特律的伯特发明了"伯特家用书信复写器"，并获得了美国的打字机专利证书。

4年之后，法国马赛的普罗简制造出了他自己设计的打字机。他宣称：打字机的打字速度和用笔写的速度不相上下。

与此同时，在密尔沃基的克兰斯特伯机械厂里，肖尔斯和格利登正在研制一种连续地给书页编码的机器。格利登想到："为什么不能把编码机造得既能写数字，又能写字母和单词呢？"于是，他与肖尔斯开始用一个木制模型来解决这个问题。虽然它没有活动键，而且只能打大写字母，但它是一台很好的打字机，并很快被两位商人——登斯莫尔和约斯特购买了生产打字机的专利，1873年开始生产。

但当肖尔斯的打字机在1876年的博览会上展出时，并没有引起人们的兴趣。它被博览会上展出的另一个发明——电话机挤到一边去了。

为了推销打字机，雷鸣顿公司采取了把打字机借给数百家公司使用的办法，这样才逐步打开了市场。

肖尔斯是个谦逊的人，像许多发明家一样，当他的想法实现之后，他就隐退了。他在去世之前写的一封信中说到发明打字机的价值时说："关于打字机的价值，我在初期所能感觉到的，它显然是人类的福音，特别是妇女的福音。我感到欣慰的是我为发明打字机做出了贡献。我制造了一部我从未见过的好机器，全世界都会从中获得好处。"

后来，世界上有了几百种不同类型的打字机，如上行打字机、前行打字机、带打字轮的钟形打字机、带打印杆的打字机等。现代精巧的电动打字机，比原来怪模怪样的打字机进了一大步，但肖尔斯的键盘却几乎毫无改变地保留下来。

目前，随着计算机技术的发展，打字机已逐渐退出历史舞台。

第三章
交通能源中的发明与创造

指引方向的指南针

指南针是中国古代四大发明之一。早在春秋战国时期，人们就对磁现象有了深刻的认识。在古代，中国人认为，磁石吸铁，有如慈母怀子，因此在先秦的许多文献中，多将"磁石"写作"慈石"。战国后期的哲学家韩非的著作中，不但有关于磁现象的记载，而且有把磁性用于辨别方位的记载。这表明，在那时人们已开始用磁石来制造最初的罗盘。

到了西汉时期，中国古代磁学有了进一步发展。东汉哲学家王充在其著作《论衡》中曾有过这样的记述："司南之杓，投之于地，其柢指南。"这说明，作为指南针前身的司南在当时已得到较为广泛的应用。

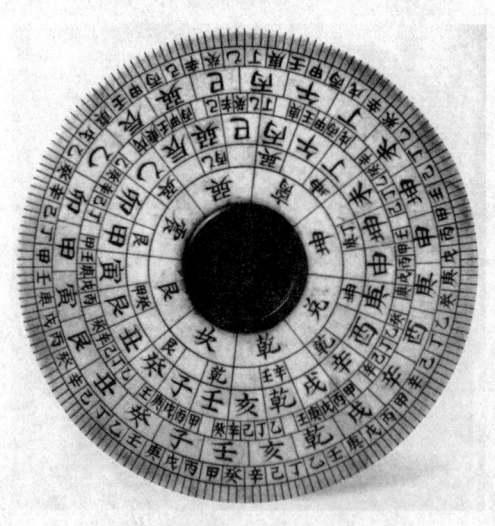

西汉以后，古代罗盘技术的研究和应用已发展到了一个新阶段。首先，形如勺的司南已发展成为基本上具有近代形式的指南针。其次，对磁学的研究也有了进一步的发展。北宋时期的大科学家沈括是中国古代罗盘技术与磁学知识的集大成者。在罗盘技术方面，沈括系统地总结了制作指南针的缕悬法、水浮法等4种不同的制作方法。他在《梦溪笔谈》一书中有这样的叙述：选择新的蚕丝，用蜂蜡把它粘在磁针的中央，悬吊在没有风的地方，这时磁针便指向南方。或者是把磁铁针粘在灯心草上，浮在水面，这时磁针同样可以指示南方，但稍稍偏东。在汉、唐时代，指南针多用于迷信的"看风水"活动，到11世纪，指南针才开始用在航海上。宋德宗时，曾经南航苏门答腊的朱彧留下过这样的记载："舟师识地理，夜则观星，昼则观日，阴晦观指南针。"这说明，当时确实已把指南针用于航海。

在我国指南针已经很普及的时候，欧洲还根本不知道它。12世纪，我国和阿拉伯之间的海上贸易逐渐发展起来，指南针也通过南海航路传到印度，以后又通过印度传到阿拉伯，又从阿拉伯辗转传到欧洲。

在欧洲，最先仿制出指南针的是法国人古约。1205年，古约在研究中国指南针制作技术的基础上，试制出了欧洲最早的指南针。

到了15世纪，由于罗盘制作技术在欧洲的普及，罗盘被广泛地用于海上探险活动。当罗盘的应用越来越广泛时，对磁学的研究也随之有了初步的发展。

1492年，意大利人哥伦布在航海时发现了磁偏角。虽然哥伦布发现磁偏角的时间比中国的沈括发现磁偏角的时间晚400多年，但哥伦布是在并不知道中国人的发现的情况下独立发现磁偏角的。这说明当时欧洲人对磁现象的观察和研究有了深入和发展。

16世纪，卡尔达诺完成了关于罗盘装置，即所谓的"卡尔达诺装置"的重要发明。这项发明由三个具有互相垂直旋转轴的同心环组成的支持装置，把罗盘固定在内环上，通过外环的轴把整个装置架设在船体上。这样，无论船体怎样摇晃，罗盘可以始终保持水平，准确地指示南方。

健身又环保的自行车

人类使用车轮的历史大约有 5000 年了，但是在 1690 年以前，没有任何人把两个轮子连接起来乘坐。

一个叫德·西弗拉克的法国人，曾坐过一辆被称之为"塞莱里弗勒"的两轮车，使用方法是：两腿分开坐在车上，两脚蹬地使之滚动向前。

1839 年，麦克米伦发明了一种机械自行车。自行车的后轮通过连接到踏板上的曲柄驱动。有了自行车，人们获得了比步行快得多的速度。

1861 年，一个叫布鲁内尔的法国人，把他的自行车带到马车匠人米肖那儿去修理，米肖的儿子欧内斯特看到那辆车后，提出：如果在前轮装上一个曲柄，并能够踏着转动的话，一定能使这种脚踏车得到改进。

还有一种叫"维洛西皮德"的脚踏车，踏板转一圈，轮子就转一周，这种车前轮很大，被人们称为"高自行车"。

它跑得快，就是不稳当。如果想刹车，特别是下坡时刹车，骑车的人就可能被甩到把手前面，骑一天的车就得摔几次。但是人们并没有被吓住。

1884 年，勇敢的马斯·史蒂文斯骑着、推着，有时甚至扛着一辆叫"平凡者"的高自行车穿越了美国。

把自行车的前轮变小，从而使骑车更安全的尝试不断进行着，但限于当时的工艺水平，这些尝试都失败了。

1885年，英国人斯塔利发明了链条传动的自行车。这种自行车用链条把踏板的运动传达给轮，并使前后轮的大小一致。

为了加快行走速度，他还把脚踏板上的齿轮设计得大于后轮，以便后轮的转速大于脚踏的速度。

这种自行车的一个主要优点，是把车座、踏板、把手以及前后轮的旋转轴这五个点，互相之间都构成三角形结构，这种结构完全符合结构力学原理。

经过斯塔利的改进，自行车变得安全可靠，而且效率大大提高了。于是，自行车在欧洲很快地普及开来。

减少颠簸的充气轮胎

世界上第一辆自行车大约是在1817年诞生的。那时的自行车还很原始，既没有坐垫，也没有链条和飞轮，更没有轮胎。只有车身和两个木头轮子。而木头轮子又用铁皮箍起来，走在路上震动很大，这种自行车骑起来当然很不舒服。后来，人们发明了充气轮胎，自行车构造也得到了改进，才使它成为人们普遍使用的交通工具。

那么，是谁发明了自行车的充气轮胎呢？说起来很有意思，充气轮胎原来是一位医生发明的。

这位医生叫邓洛普，是位居住在爱尔兰的苏格兰人。他有个儿子，非常羡慕别人骑着自行车在街上转来转去，很想有一辆自行车。为了满足宝贝儿子的要求，邓洛普买了一辆自行车。儿子得到自行车后欢天喜地，整天骑着车在铺着鹅卵石的街上跑来跑去。邓洛普看着儿子骑自行车时那种受颠簸的样子，十分心疼，于是开始琢磨怎样改善自行车的轮子。

邓洛普是个医生，也是一个业余的花卉爱好者。有一天，他用一根橡胶水管在花园里浇花。他手握水管，感到了水的流动。他故意将橡胶管握紧、放松，再握紧、再放松。橡胶的弹性给了他启发。他想：能不能把这灌满了水的橡胶管安到自行车的轮子上，以减少车子在行进时的震动呢？

按照这一大胆设想，邓洛普马上开始进行试制。他经过多次试验和失败，终于用浇花的橡胶管制成了世界上第一个轮胎。这种轮胎装水，在试骑时很不方便。因为注水很难使轮胎十分饱满，而且也不能减轻车身重量。为此，邓洛普又想出用气体代替水的办法，经过多次试验取得了成功，充气轮胎终于在1888年诞生了。开始时，这种新轮胎受到人们的嘲笑，被说成是"木乃伊"轮胎，但是骑车的人发现，用这种轮胎跑得更快，也跑得更平稳。当时有个叫迪克罗的人，专门建了一个公司来制造这种轮胎，后来这个公司变成了邓洛普橡胶公司。

装有内燃机的"自行车"

摩托车是装有内燃发动机的两轮车或三轮车，从诞生到现在已经有100多年的历史了。由于摩托车具有结构简单、造价低廉、越野能力强等优点。被广泛用于运输、旅游、体育运动等领域。

第一辆摩托车

1876年德国人奥托发明了汽油发动机，为摩托车的发明提供了动力源。同一国度的工程师戈特利普·戴姆勒在其基础上进行了改进，于1885年研制成功了单缸、风冷、功率为0.37千瓦，装有自动进气阀、机械式排气阀和热管式点火装置的汽油机。他将这台内燃机安装在以橡木为车架的单车上，于是世界上第一辆摩托车诞生了。戴姆勒于同年8月29日获得专利，成为世界摩托车工业的鼻祖。

摩托车技术的发展

19世纪90年代至20世纪初，早期的摩托车采用了当时的新发明和新技术，诸如充气橡胶轮胎、滚珠轴承、离合器和变速器、前悬挂避震系统、弹簧车座等，开始有了实用价值，得以批量生产。20世纪30年代之后，摩托车生产又采用了后悬挂避震系统、机械式点火系统、鼓式机械制动装置、链条传动等，摩托车逐步走向成熟，广泛应用于交通、竞赛以及军事方面。20世纪70年代后，摩托车生产又采用了电子点火技术、电启动、盘式制动器、流线型车体护板等，使摩托车成为造型美观、性能优越、使用方便的先进的机动车辆。

科学发明与创造

摩托车的分类

摩托车按照车轮的多少，可以分为二轮摩托车、三轮摩托车和四轮摩托车几种。二轮摩托车是我们最常见的一种，具有轻便、灵活的优点。三轮摩托车可分为正三轮和边三轮两种，经常见到的残疾人摩托车，就属于正三轮摩托车。而边三轮摩托车，也就是俗称的挎斗车，曾是第二次世界大战期间德军摩托化部队的主力。四轮摩托车实际上是以二轮摩托车为基础所开发出来的高机动性车辆，正式名称叫四轮全地形车，也称为沙滩车。

人类的代步工具——汽车

也许我们都听说过或见到过"奔驰"牌小轿车。"奔驰"牌小轿车就是以汽车的发明者卡尔·本茨（Karl Fried rich Benz）的名字命名的。

1885年，卡尔·本茨造出了世界上第一辆装有四冲程汽油发动机的轻型三轮车，这要算是世界上最古老的汽车了。这辆汽车的试制成功，奠定了今天汽车工业的基础。

卡尔·本茨1848年生在德国，他的父亲在铁路上工作。年轻时，他曾在工业学校学习数学和机械。后来他又在工厂的工作中积累了许多实际操作的经验。1871年，本茨在曼德投资建立了工厂，并开始了对内燃机的研究。他是怎样开始对内燃机产生兴趣的呢？

原来，当时自行车已经发明。不过，那时的自行车和我们现在的自行车不同。那时的自行车的脚蹬是装在非常大的前轮上的，蹬起来非常费力。

本茨想：如果能把发动机装在自行车上，行动起来，就会既快又省力了。

那个时候，欧洲已有一些国家利用蒸汽机来驱动船舶和火车。但由于蒸汽机非常笨重而且是燃料在汽缸外燃烧的外燃机，所以无法装在自行车和其他的轻型车辆上。

经过详细调查，本茨发现发动机中了除了蒸汽机之外，还有燃汽机。燃汽机是一种将汽缸中的易燃气体点火引爆，然后利用气体爆炸膨胀所产生的力量来推动汽缸中的活塞的内燃机。当活塞的运动通过连杆带动汽车的传动轴时，传动轴就会驱动车轮旋转起来。当时所用的易燃气体是煤气。

1878年，本茨制成了使用煤气的燃气机。紧接着，他又开始研究把发动机装在小型四轮和三轮车上。

由于燃气机需要制造装气体的装置，这个装置很大，所以无法装在轻装的车辆上。为了解决这个问题，本茨绞尽了脑汁。

一天，本茨听到了这样一件事，有人用汽油清除衣服上的污垢时，使得屋子里充满了汽油，当火苗接触到这些弥漫在屋子里的汽油时汽油发生了爆炸。本茨想，汽油既然有这么大的威力，可不可以将汽油用来代替煤气呢？这样，就不再需要装气体的装置，发动机的体积和重量就会得到很好的改善。在这之前，一位法国人曾制造过汽油发动机，但发现它的力量不大。本茨通过研究发现，蒸发后的汽油直接用在发动机中，是效率不佳的主要原因。本茨不断改变混杂在汽油中的空气比例，分析爆炸的强度。他发现，当压缩混合气体使其密度增加时，爆炸力就会随之增强。由此本茨成功地制造出了体积小、力量大的汽油发动机。但是这种内燃机因为只有一个汽缸，所以把它装在汽车上，汽车行驶起来很不平稳。

英国科学家克拉克发明了一项改进措施，就是在一台内燃机中装上两个汽

缸。当一个汽缸处在回复阶段时，让另一个汽缸爆燃做功，两个汽缸交替做功，使输出的动力均匀起来。本茨采用了这种方法，制成了四冲程的内燃机。

1885年，本茨首次成功地将内燃机与车轮结合在一起。他把他制造的汽油发动机装在了三轮车上。

到1885年的秋天，本茨所制造的汽车已能以每小时12千米的速度稳定地行驶了。由于它用汽油内燃机作动力，所以被人们叫做汽车。这就是世界上第一辆汽车。

"钢铁巨龙"的诞生

斯蒂芬森出生在英国的一个煤矿工人家庭。由于家境贫寒，8岁时不得不到矿上当童工，干些擦拭机器和保管零件等杂活。当他长到14岁时，开始操纵纽可门式气压蒸汽机。天天与蒸汽机打交道，使他与蒸汽机交上了朋友。他从小在矿上长大，与煤矿工人有着特殊的感情，并且对煤炭运输的艰辛产生了很深的感触。于是，斯蒂芬森立志，一定要发明一种强有力的运输工具，解除煤矿工人的劳苦。从此他开始了对火车的研究。

斯蒂芬森与当时英国的大多数技师一样，没有受过任何正规教育。17岁时，他还认不得几个字，科学知识更少得可怜。他是个被人瞧不起的小杂工。

可是斯蒂芬森不顾别人怎样看待他，他对自己充满信心，决心从头开始。他说："既然基础等于零，那就一切从零开始。"从此，他就开始参加夜校学习。

由于斯蒂芬森文化水平太低，17岁的他每天要同七八岁的儿童坐在一起上课。小同学都感到好奇，总是带着讥笑的眼光看着他。为了学习，他对这些毫不在乎。白天干活，晚上学习，就这样凭着坚韧的毅力，阅读了大量的科技书籍，他终于摘掉了文盲的帽子，并掌握了制造火车的数理化专业知识。

"火车"一词是怎么来的呢？

早在1803年，一个名叫特拉维西克的英国矿山技师首先利用瓦特的蒸汽机造出了世界上第一台蒸汽机车。这是一台单一汽缸蒸汽机，能牵引5辆车厢，它的时速为5～6千米。这台机车没有设计驾驶室，机车行驶时，驾驶员跟在车旁边走边驾驶。因为当时使用煤炭或木柴做燃料，所以人们都叫它"火车"，于是一直沿用至今。但是这台机车有很多缺点，经常出事故。

1812年，有人在铁轨上试行改进，但没有成功。到了1813年又有人为解决铁轨打滑问题进行了改进，也没有成功。就在这时，斯蒂芬森开始了对蒸汽机车的探索。

斯蒂芬森深知实践的重要。他不仅学习书本知识，还十分注重实践。他仔细观察了当时人们制成的各种火车，研究比较了它们的优缺点。他还专程来到瓦特的故乡，深入研究瓦特蒸汽机的构造原理。经过刻苦的钻研，他终于掌握了蒸汽机的性能，总结出许多试制蒸汽机车的经验。1814年，当斯蒂芬森33岁时，终于造出了第一台蒸汽机车。这台机车有两个汽缸，能牵引30吨货物，时速7千米，可以爬坡。斯蒂芬森的火车大大提高了前人试制的机车的效率，斯蒂芬森所创造出的这种新的陆路运输工具，开创了运输事业的新时代。但这种火车仍然有许多不足之处。由于翻车事故，造成人员伤亡，因此有人硬说不如马车安全。蒸汽机喷汽时产生强烈的噪声，惊吓牛马，所以一些人阻挡、反对使用火车。斯蒂芬森又对火车进行了改进，其中最重要的是减少了噪声。

1823年，斯蒂芬森作为总工程师，完成了从斯托克顿到达林顿的世界上第一条40千米长的商业性铁路工程。起初这条铁路不是为行驶火车而铺设的，而是为马车运输铺设的。经斯蒂芬森的努力，终于促使英国政府同意让火车在这条铁路上行驶。

1825年9月27日,当由斯蒂芬森亲自驾驶他自己制造的"运动"号机车,载了450名旅客,以时速24千米从达林顿驶到斯托克顿时,铁路运输事业就从此诞生了。

从此,火车终于被世人承认。斯蒂芬森被世界公认为火车的发明人。

直到1828年,马力运输才被机车运输取代。这一年在莱茵希尔进行的一次机车比赛,参加比赛的有三人,斯蒂芬森驾驶着他的"火箭号"机车以每小时58千米的速度行驶了100千米,战胜了对手"桑士巴里号"和"新奇号",取得了优胜。

行走在水中的轮船

早在几千年以前,人类就用巨大的树木制成了最早的船,人们叫这种船为独木船。以后,古人出于不同的需要又制成了各种各样的船只。到1000年前的隋唐时期,造出了长达20丈可乘600多人的大海船。1404年明代航海家郑和下西洋时,所率领船队中的最大船只,竟长达150米,宽61米,立9桅,张12帆,锚重数吨,舵长11米,重达1500吨级。

欧洲人也在很早的时候就造出了船只。如1492年,哥伦布率领的在美洲"发现了新大陆"的船队,就是由巨大的船只组成的。1521年,麦哲伦一行进行环球航行,所率领的也是一支用巨大船只组成的船队。

一个小小的独木船,经过几千年的漫长岁月,体积一点点地增大,人类就借助这个在古代社会中最省力的运输工具对未知世界进行探索。那时不论船的体积多么庞大,气势多么宏伟,可它一直是靠人力和风力行驶的。

1769年,瓦特蒸汽机的发明,对古老的船只摆脱人力、风力行驶的状况提

供了可能。人们开始了把蒸汽机用于推动船舶航行的探索。

美国发明家富尔顿，于1807年发明了新型水上运输工具——轮船，它迎来了人类水上航行的机械化时代。

富尔顿生于美国的一个农场工人家庭。少年时代，他酷爱绘画，善于幻想。在他刚刚进入青年时期，就成了一位很有名气的肖像画家。富尔顿的爱好不仅在绘画上，他对搞科学发明兴趣更高。他在少年时代，就曾幻想制造一种不用人力和风力，便能自动在水上行驶的船只。

渐渐地，他完全地陷入了这一幻想之中。

有一天，他划着船在海上游玩。划累了，就坐在船舷上休息一会儿，在不知不觉中，他感觉到船儿游动起来。没有划桨，风平浪静，船儿为什么会游动呢？富尔顿蓦然看到自己伸在水中的双脚，由于他脚伸入海水之中不停地戏耍，起到了桨的作用，推动了船儿漂移。富尔顿高兴极了，他幻想一定要造出一只大船，船只由大轮子做桨推动行驶，所以富尔顿叫他的船为"轮船"。他又从这件事中受到启发：若用蒸汽机带动这个大轮子，不就可以驱动船只向前航行了吗？

随着富尔顿的长大，造船的幻想越来越占据他的心灵。1797年他去法国学习绘画，在那里他居然制成了一艘长6米，宽2米的潜艇，起名为"鹦鹉螺"。后来他结识了一位名叫利文斯顿的美国驻法国公使，利文斯顿也想发明轮船，两人志同道合，最后利文斯顿竟把女儿嫁给了富尔顿。

1802年，富尔顿又来到伦敦学习绘画，但他仍把许多精力放在钻研科学技术上。使他走运的是，他结识了蒸汽机的发明人瓦特。

1803年，富尔顿回到巴黎，在塞纳河上又建成了一艘船。可就在他准备试航的前一天，狂风将船打成两截，沉入了河底。富尔顿伤心极了，流下了眼泪。

1807年，富尔顿回到祖国——美国，他又造起一艘名为"克莱蒙特"号的轮船。人们把这个庞然大物看做是个怪物，把富尔顿看做是个疯子。富尔顿把各种奚落嘲讽丢在脑后。1807年的8月17日，"克莱蒙特"号正式下水试航。如潮水般的人群目睹着这个怪物：它长达40.5米，两侧各有一个大水车式的轮子，上面立着一个直冒黑烟和火星的大烟囱。富尔顿一声令下，船体徐徐离开船座向水中滑去。由富尔顿设计、瓦特亲手制造的发动机轰鸣起来，两侧的轮子转动起来拍打着河水，"克莱蒙特"号的远航开始了。

富尔顿这次试航的成功，使人们深深认识到轮船的威力，正式揭开了航运史上轮船时代的序幕。尽管在富尔顿之前制造轮船的人，算起来不下10人，但世界却公认轮船的发明人是富尔顿。

加内林与降落伞

在历史上，航空曾是一项充满危险的事业。但自从有了降落伞，就大大增强了飞行员的安全感，也挽救了不少飞行员的生命。

降落伞是在18世纪末发明的。1797年10月22日，在巴黎现在的蒙索公园上空，人类首次从飞行器上跳伞。跳伞的人叫加内林，他使用的降落伞有肋状物支撑，收拢起来就像现在的太阳伞。

这次跳伞是由氢气球带到高空，按照加内林的要求，一直上升到约3000英尺（914.4米），然后加内林一拉系在气球上的释放绳，降落伞便离开了气球，伞盖就被强烈的气流张开，由于伞上没有孔，加内林的降落伞摆动得很厉害，使站在小篮子里的加内林在着陆时头晕目眩，恶心呕吐。这一次跳伞，开创了人类自天而降的历史，是一次伟大的壮举。

到 19 世纪，跳伞已成为航空表演中的一种不可缺少的节目。其具体方法是：用有人驾驶的气球升空，降落伞就系挂在气球上。全体表演者可以乘气球上升到冷空气允许的高度，跳伞的人便脱开吊架，使降落伞离开气球，安全地降落到地面。

随着航空事业的发展，人们已不再满足于乘气球跳伞。1912 年 3 月 1 日，贝里上尉首次使用固定开伞索在美国的圣路易斯从飞机上跳伞。

1912 年秋天，F. R. 劳第一次使用自由开伞索在美国从飞机上跳伞。他使用的是史蒂文斯的有"救生降落伞包"的降落伞。1919 年 4 月 19 日，欧文在美国首次使用他改进了的有开伞索的降落伞。这种具有开伞索的降落伞是现代降落伞的原型。

难以捕捉的风能

风能是指地球表面大量空气流动所产生的动能。风能是一种用之不竭的可再生能源，全世界的风能总量约 1300 亿千瓦。风能资源的多少取决于风能密度和可利用的风能年累积小时数。目前，风能主要用于发电、致热等领域，随着技术的进步，它在人类生活中的作用将越来越大。

最原始的风能利用——风车

1229 年，荷兰人发明了世界上第一座风车。1414 年，荷兰人又发明了最早用于排水的风车。18 世纪是荷兰风车的鼎盛时期，此时风车除了用来排水灌溉外，还用来磨米、发电等。风车成了荷兰人建设美好家园的最佳搭档。

风车的出现，为原始的手工作坊带来了新的动力能源，促进了生产力的发

展。特别是18世纪，成千上万的风车被用于伐木、造纸和染色行业。到了19世纪，随着蒸汽机和内燃机等热机的出现，古老的风车逐渐被代替了。

风力发电技术

发电已成为风能利用的主要形式，而且发展速度极快。2008年，中国风电装机总量已达700万千瓦。

风力发电通常有三种运行方式。一是用一台小型风力发电机向一户或几户提供电力的独立运行方式，它用蓄电池蓄能，以保证无风时的用电；二是风力发电与其他发电方式相结合，向一个单位或一个村庄或一个海岛供电；而风力发电的主要发展方向是一处风场安装几十台甚至几百台风力发电机，将风力发电并入常规电网运行，向大电网提供电力。

用风来取暖

如今，家用热能的需求量越来越大，特别是在高纬度的欧洲、北美等地。为满足家庭需要，风力致热有了较大的发展。风力致热是将风能转换成热能。目前有三种方法。一是用风力机发电，再将电能通过电阻丝发热，变成热能。这种方法效率很低。二是由风力机将风能转化成空气压缩能，再转化成热能。三是利用风力机将风能直接转化成热能，这种方法致热效率最高。

纯净的能量——太阳能

太阳能既是一次能源，又是可再生能源。它资源丰富，既可免费使用，又无需运输，对环境无任何污染。现在，如何把太阳能收集和利用起来为人类服务，已成为许多科学家研究的重大课题。太阳能的有效利用为人类创造了一种新的生活形态，使人类社会进入一个有效利用能源减少污染的时代。

世界上最早的太阳灶

中国是最早利用太阳能的国家，其历史可追溯到约2700年前。在周代，中国人就学会了用凹面镜的聚光焦点向日取火，这是比较原始的太阳能利用。

中国最早研究太阳能的学者，是清朝光绪年间四川洪雅县的肖开泰。他自筹资金，从国外买来有关的仪器设备，研制出了一面小型聚光镜，利用太阳能来烹、煮、烘、烤各种食物。经过45次的调整试验，他获得了成功，制成了世界上最早的太阳灶。它与现代的太阳灶原理相同，形状就像一把倒撑着的伞。

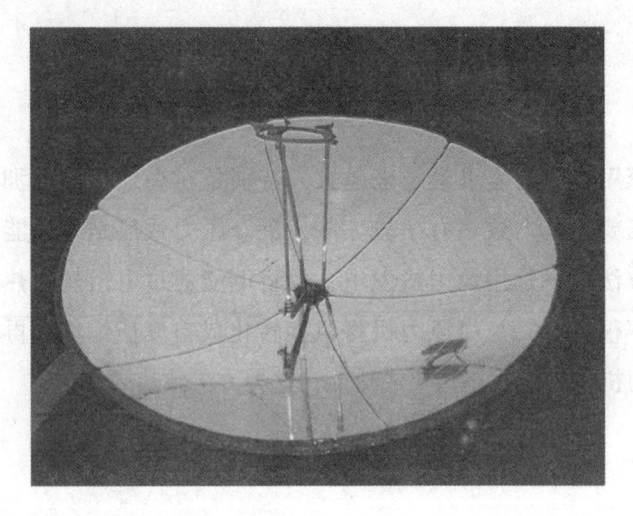

太阳能发电的核心——太阳能电池

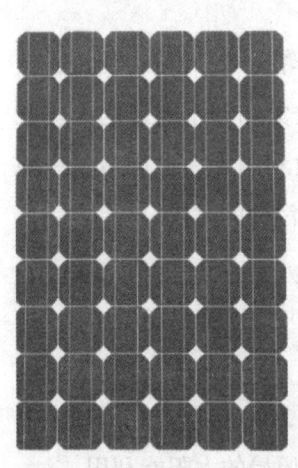

太阳能电池是通过光电效应或者光化学效应把光能转化成电能的装置，是太阳能发电的核心部件。它是由硅单晶或砷化镓半导体材料制成的，应用范围十分广泛，比如太阳能电池计算器、太阳能电池手表和太阳能电池钟都能依靠它正常工作。

在航天技术突飞猛进的今天，人造卫星、宇宙飞船、空间站等航天器，大部分是采用太阳能供电。有些是将太阳能电池贴在表面上，有些则是贴在专门供给贴太阳能电池的翼板上，这种翼板好像是飞行器上伸出的翅膀。在翼板表面贴有数以万块计的太阳能电池。将它们并联或串联起来，在太阳光的照射下，便能供给几百瓦乃至几千瓦的电力。

未来飞机新贵——太阳能飞机

太阳能飞机是以太阳辐射作为推进能源的飞机。20世纪80年代初，美国研制出世界上第一架单座太阳能飞机——太阳挑战者号。这架飞机于1981年7月成功地由法国巴黎飞到英国。

接着，美国又研制出更先进的太阳能飞机——太阳神号。这架飞机耗资约1500美元，用碳纤维合成物制造，整架飞机仅重590千克，比小型汽车还要轻。机身长2.4米，活动机翼全面伸展时达75米，连波音747飞机也望尘莫及。太阳神号机身上装有14个螺旋桨，动力来源于机翼上的太阳能电池板。

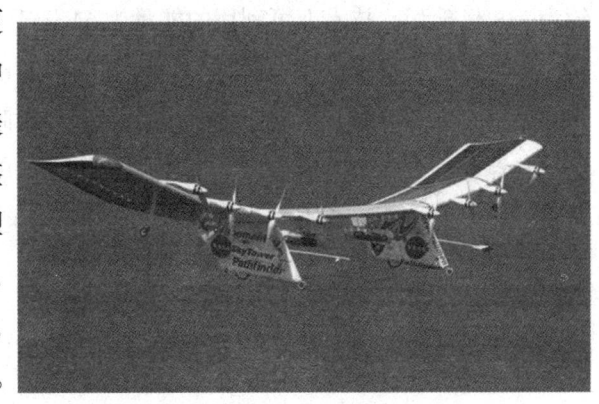

来自大海的礼物

辽阔浩瀚的海洋，不仅使人心旷神怡，而且让人迷恋和陶醉。然而，大海最诱人的地方，是它蕴藏着极为丰富的自然资源和含量巨大的可再生能源——海洋能。

海 洋 能

海洋能是蕴藏在海洋中的可再生能源,包括潮汐能、波浪能、海流租潮流能、海洋温差能和海洋盐度差能等。潮汐能、海流和潮流能来源于月球和太阳的引力,其他海洋能都来源于太阳辐射能。这五种海洋能在全球的可再生总量约为788亿千瓦,技术上可利用的能量为64亿千瓦。

海洋能的能量密度较小且不稳定,随时间变动大。海洋环境复杂,所以海洋能装置要有抗风暴、抗海水腐蚀、抗海生生物附着的能力。现阶段,海洋能的试验性发电成本较高,尚不能与常规火电、水电竞争。但海洋能总量大,无污染,对生态环境影响小,是一种有开发潜力的可再生能源。

潮 汐 能

月球引力的变化引起潮汐现象,潮汐导致海平面周期性升降,海水涨落及潮水流动所产生的能量就是潮汐能。潮汐能是以势能形态出现的海洋能,具体指海水潮涨和潮落形成的势能。

海洋的潮汐中蕴藏着巨大的能量。在涨潮的过程中，汹涌而来的海水具有很大的动能，而随着海水水位的升高，这些巨大的动能就会转化为势能。而在落潮的过程中，海水奔腾而去，水位逐渐降低，势能又转化为动能。潮汐能与潮量和潮差成正比，其主要利用方式是发电。世界上潮差的较大值在13米—15米，但一般说来，平均潮差在3米以上就有实际应用价值。潮汐发电需要借助海湾、河口等有利地形，建筑水堤，形成水库，进而建造水电站，通过水轮发电机组进行发电。

汹涌的海浪波浪的能量与波高的平方、波浪的运动周期以及迎波面的宽度成正比，受风等因素影响较大，是海洋能源中能量最不稳定的一种能源。

波 浪 能

波浪能是指海洋表面波浪所具有的动能和势能，它是一种密度小、不稳定的能源。

波浪发电是波浪能利用的主要方式。按能量传递形式可将其分为直接机械传动、低压水力传动、高压液压传动、气动传动四种。其中气动传动方式采用空气涡轮波力发电机，把波浪运动压缩空气产生的往复气流能量转换成电能，旋转件不与海水接触，能作高速旋转，因而发展较快。近年来，挪威、日本和苏联都建立了波浪发电站，英国与印度签定了合同，将在印度建造世界上最大的波浪发电站，其发电能力将为35 000千瓦。

海 流 能

海流能是指海水流动所产生的动能，主要是指海底水道和海峡中较为稳定的流动以及由于潮汐导致的有规律的海水流动所产生的能量，是另一种以动能形态出现的海洋能。所谓海流主要是指海底水道和海峡中较为稳定的海水流动以及由于潮汐有规律的海水流动。海流能的能量与流速的平方和流量成正比。相对波浪能而言，海流能的变化要平稳且有规律得多。海流能随潮汐的涨落每

天两次改变大小和方向。一般来说，最大流速在 2 米/秒以上的水道，其海流能均有实际开发的价值。

海流能的利用方式主要是发电，其原理和风力发电相似，几乎任何一个风力发电装置都可以改造成海流能发电装置。但由于海水的密度约为空气的 1000 倍，且必须放置于水下，故海流发电存在着一系列关键性技术问题，包括安装、维护、电力输送、防腐、海洋环境中的载荷与安全性能等。海流发电装置可以安装固定于海底，也可以安装于浮体的底部，而浮体可通过锚链固定于海上。海流中的透平设计也是一项关键性技术。

第四章
国防军事中的发明与创造

战略弹道导弹的出现

1944年9月8日19点左右,英国首都伦敦的居民,没有听见空袭的警报,却看到了猛烈爆炸后的火光,当时谁也不知这是什么武器。后来查明,它是法西斯德国在荷兰首都海牙近郊,隔着英吉利海峡发射的V-2弹道导弹。

导弹的出现,是军事科学技术发展的必然结果。第一次世界大战后,随着飞机在军事上的应用,人们开始研究远距离控制飞机和自动制导炸弹。1926年美国人哥达斯成功地发射了世界上第一枚液体火箭,并达到了超音速。与此同时,德国的一批业余火箭研究者,成立了"宇宙航行俱乐部",从事火箭理论与试验的研究。20世纪30年代,法西斯德国出于侵略战争的需要,成立了庞大的火箭研究中心。经过十年的努力,他们在空气动力理论、火箭推进技术、自动控制系统、电子设备、无线电雷达技术、航空材料工艺等方面做了大量工作后,终于在第二次世界大战结束之前,制成了世界上最早的V-1飞航式导弹和V-2弹道式导弹。

导弹与火箭不同,它的原意是"导向炮弹"或"导向火箭"。导弹与火箭的根本区别就在"导"字上。就是说，装有控制系统，能自动导向目标的火箭武器是导弹。

当时的法西斯德国，为了挽救即将战败的命运，把希望寄托在一两件新式武器上，因此大批生产并使用 V-2 导弹。在 1944 年 9 月至 1945 年 3 月间，从荷兰和法国海岸，向英国首都伦敦发射了 10 800 枚 V-2 导弹。由于 V-2 导弹能在高空（可达 100 千米）以高速飞行，使得英国的所有防空手段都无法防御，因此给伦敦造成了一定的破坏。但由于当时科技水平有限，V-2 导弹的性能还比较差，仅有一半飞到了目标区，另一半发射时在地面或空中爆炸，也有的因精度不高而掉落在英吉利海峡。尽管如此，V-2 导弹毕竟已显示了当时其他武器所不具备的优点——威力大、射程远、飞行时速高，从而引起各国的注意。

从第二次世界大战结束以来，弹道导弹经历了四个发展阶段。

20 世纪 40 年代末至 50 年代末为第一阶段。这一阶段主要解决弹道导弹的有无问题。继德国之后，美苏在此期间先后成功地研制了近、中、远程各种类型的弹道导弹。如美国的"红石""丘比特""宇宙神"；前苏联的"SS-1""SS-5"和"SS-6"等。这一阶段弹道导弹的性能较差，发射准备时间长，且易被发现，防护能力差，生存力低。

20 世纪 50 年代末至 60 年代中为第二阶段。这一阶段主要解决的是提高战略弹道导弹系统在核袭击下的生存力以及进一步提高战略弹道导弹的性能。在此期间，美国出现了地下井发射的洲际弹道导弹"大力神Ⅱ""民兵Ⅰ""民兵Ⅱ"以及潜射导弹"北极星 A1""北极星 A2"等。前苏联也相应装备了洲际弹道导弹和潜射导弹。这一阶段弹道导弹提高了生存能力，缩短了发射准备时间，提高了命中精度。

20 世纪 60 年代中至 70 年代末为第三阶段。这一阶段主要解决导弹的突防问题。

为此出现了集束多弹头导弹和分导式多弹头导弹，这些导弹都带有突防装置。此外，通过加固地下井，进一步提高了生存能力。洲际导弹的命中精度已达到 0.185 千米。

20 世纪 80 年代以来，战略弹道导弹进入了一个新的发展阶段，总的趋势是进一步提高导弹的进攻能力、生存能力、突防能力和战备性能;大力研制全导式多弹头;广泛实行固体化和机动化。

法布尔发明第一架水上飞机

水上飞机是能在水面上起飞、降落和停泊的飞机。水上飞机分为船身式和浮筒式两种。水上飞机主要用于海上巡逻、反潜救援和体育运动。第一架从水上起飞的飞机,是由法国著名的早期飞行家和飞行设计师瓦赞兄弟制造的。这是一架箱形风筝式滑翔机,机身下装有浮筒。1905年6月6日,这架滑翔机由汽艇在塞纳河上拖引着飞上空中。

世界上第一架能够依靠自身的动力实现水上起飞和降落的真正的水上飞机是由法国人亨利·法布尔发明制造的。

法布尔出身于船舶世家。在年轻时对工程学发生兴趣,并继承了家族对大海的特殊感情。飞机诞生后,他决心追随莱特兄弟和瓦赞兄弟,并设想制造能在海上起降的飞机。

1907—1909年,他在水上和陆上进行了大量的基础性研究工作,他的最重要工作是对浸入水中的翼面和浮筒所作的理论研究。

1909年,法布尔开始运用他的理论成果制造飞机。第一架样机装有3个浮筒和3台安扎尼发动机,但它从未能飞起来。同年下半年，法布尔制造了第二架样机，这架单翼机的结构非常有趣，多处反映出设计师作为船舶制造者的背景。飞机前端有一对舵和两个水平升力面，上面的一个作升降舵。机岙前部有一浮筒，另两个浮筒装在机翼下。飞机的整个构架是木的制的，浮筒用胶合板制成。

这架飞机的首次飞行是 1910 年 3 月 28 日在马赛附近的海面上。年方 28 岁的法布尔以前从未飞行过。第一次试飞时，飞机以 55 千米/小时的速度在水面上滑行，却未能飞起来。第二次试飞中，飞机终于飞离了水面，直线飞行约 500 米。随后法布尔又驾机试飞了两次，并作了小坡度转弯飞行。第二天，飞行距离达到 6 千米。世界上第一架浮筒式水上飞机诞生了。

1911 年，在法布尔的另一架水上飞机因驾驶员的错误而坠毁后，他因花费太大而停止了研制自己的水上飞机，转而为他人的飞机设计和制造浮筒。这一年，他为一架瓦赞式双翼机设计了浮筒，使之成为世界上第一架水陆两用飞机。

也就在这一年的 2 月，美国的著名飞机设计师柯蒂斯驾驶着他的装有船身形大浮筒的双翼机在水面上起飞和降落成功，成为世界上第一架船身式水上飞机。柯蒂斯为船身式和浮筒式水上飞机发展都做出了重要贡献。柯蒂斯的水上飞机诞生后不久，就从密机安湖上救起一名迫降的飞行员，预示着水上飞机的广阔前景。

坚固的坦克

有两位杰出的人物对坦克的发明起了决定性作用。一位是身为英国海军大臣的丘吉尔，他曾用其特殊的才能帮助福斯特公司，以便促使皇家海军关心"陆地巡洋舰"的发展。另一位是英国皇家工程师斯温顿，当后来海军的兴趣减弱时，是他坚持自己关于研制坦克的意见，并争取到了总参谋部的支持。斯温顿能够把军队的要求加以确切的解释，使工程技术人员明白这种要求，并能根据该要求绘制成生产图纸。

在这个时期，福斯特公司也有两位杰出的人物，他们是该公司的总经理威廉·特里顿和在英国陆军部任特殊职务的麦吉尔·沃尔特·威尔逊。他们共同负责按军队的要求制造出一种机械装置——"小威利"。这一装置虽取得了成功，但还没有达到斯温顿提出的越壕和爬高墙的能力。把跨越8英尺（2.4384米）宽的壕沟和冲破铁丝网的能力作为首先考虑的因素，导致了对车辆的重新评价。第一次世界大战期间，英国就根据这种标准制造了传统的长菱形坦克，这就是英国于1915年8月在履带式拖拉机的基础上制造出的第一辆坦克样车"小游民"坦克。该车重18.3吨，发动机功率105马力，时速3.2千米，乘员2人，车上装一门发射2磅炮弹的火炮和数挺机枪。

1916年，第二辆坦克"大游民"又问世了。这种坦克定型投产后称Ⅰ型坦克，发动机功率105马力，时速达6千米，乘员8人，装2门发射6磅炮弹的火炮和4挺机枪。Ⅰ型坦克于1916年9月15日首次投入索姆河战斗，这是世界上第一批用于实战的坦克。

需要指出的是，当时坦克的履带都通过车体顶部两侧并构成一个完整的闭合圈。这种结构带来了两个直接的后果：一是不可能把旋转炮塔安装在车体顶部；二是履带前部的最大高度非常接近车体的最大高度，这使坦克具有良好的爬坡能力。此外，还有一种危险，即子弹爆炸飞溅对乘员会产生威胁。因为当时的装甲防护只是铆在框架上的锅炉钢板，上面有许多小裂缝，灼热的子弹碎片就从这里钻入车内。为了对付这种情况，坦克乘员不得不穿上防弹衣，戴上链结式面罩。

1916年7月，英法联军在法国北部索姆河地区对德军发动了规模巨大的进攻战役。9月15日英军出动坦克49辆，用以支援步兵冲击，但由于坦克质量太差，又缺乏指挥经验，结果有 17 辆发生技术故障未能进入出发阵地，在接敌过程中又有 14 辆因故障而中途停顿或淤陷，真正参加战斗的只有 18 辆坦克。这些坦克有 10 辆被击坏，7 辆受轻微损伤，只有一辆完好返回。但它毕竟是一种新式兵器，不仅震撼了敌军，也鼓舞了士气，使英军得以前进了 4~5 千米。

到 20 世纪 20 年代和 30 年代，坦克的设计出现了各种极端情况，例如，1924 年设计的维克斯独立坦克，竟然有 5 个旋转炮塔。当然，这些设计一直只停留在图纸上，极少数也只是停留在样车阶段。

正当欧洲军队还在对轻型坦克及重型坦克的可行性进行审查时，美国的一位富于创造发明的天才沃尔特·克里斯蒂完成了一系列的设计，这些设计对坦克研制产生了深远影响。起初克里斯蒂参与制造了一种既能靠履带也能靠轮子行驶的车辆，这就避免了全履带车在当时固有的不可靠性。经过对几种变革的试验战车的研制之后，克里斯蒂集中力量制造了一种快速、可靠并能保持较高越野速度的履带式战车。

第二次世界大战期间，由于坦克与坦克、坦克与反坦克火器之间的激烈对抗，促进了坦克技术的迅速发展。坦克的结构趋于成熟，普遍采用装一门炮的单个旋转炮塔和单一的履带式推进装置，从而确定了现代坦克的总体结构形式。

国防"千里眼"——雷达

雷达，从外观上看对许多人来说，已经并不是很陌生的东西，很多人在电影或画报上看到过它，有的人或许还直接见到过它。雷达有着奇特的外表：有的像几块大瓦片，有的像一口大锅，有的像一个蜘蛛网，有的像几排鱼骨，可谓五花八门。但它们都有共同的功能：可以看到千里以外的目标，是真正的"千里眼"。

科学发明与创造

早在1888年赫兹证实电磁波存在以后，科学文献上就经常提到将电磁波用于目标探测的问题。1897年波波夫在实验时，发现电磁波被船只反射回来的现象，提出可将这个现象用于军用探测，但没引起人的重视。直到1922年马可尼提出有关论文，美国海军研究实验室才用实验证实了他的设想。他们使用波长为5米的连续波，发射器与接收器分别安放在目标两侧，当目标通过两者之间时，即可被探知，这种装置称为收发分离连续波雷达。

美国从1925年起研究利用脉冲调制技术，作为探测目标距离的手段。从1934年初起，投入许多力量进行脉冲雷达研究。1936年4月，研制成功第一台脉冲式雷达装置，它的探测距离达4千米。到1938年，防空袭雷达已实际应用。

20世纪30年代，英、法、德、美都大力进行雷达研究，其中英、德、美都有明确的军事目的。法国开始时只将雷达用于为船只探测冰山，但在战争迫在眉睫时，也将雷达转为军用。

在英国，1935年沃森·瓦特向英国空军提交了一份关于雷达的重要文件，才引起对军事雷达的重视，并开始大力研究。在德国，30年代初开始研究船只探测系统，很快又发展了飞机探测系统，1939年已有了入侵飞机早期报警系统，紧接着出现了船只报警系统。到20世纪40年代中期，德国利用600兆赫的雷达系统，能够精确地指挥高射炮。

在第二次世界大战初期，英国研制使用3000兆赫微波的投弹瞄准雷达，用于投弹指挥。后来，美英合作，研制了频率高达10 000兆赫的雷达系统，使瞄准更精确。德国虽然在战争初期也发展了雷达系统，但由于它把重点放在发展导弹上面,大大缩减了雷达的研制费用,所以雷达系统远远落后于同盟国。

大战结束后,人们对军用雷达的兴趣一时急剧减退,科学家开始研究如何用雷达作为科研工具。1946年美国成功地探测了从月球反射回来的雷达信号,这实际上是射电天文学的开始。此外,也开始用雷达作为导航工具,作为防止船只以及飞机碰撞的常规手段。

高速飞机的出现,对雷达装置和技术都提出了新的要求。

显然,将计算机和雷达结合起来,可以解决自动雷达侦察的问题。

在洲际导弹发射成功之后,尽早报警已成为迫切需要。第一个满足这个要求的雷达设置在格陵兰。它有4个天线,每一个的宽度都超过90米,探测距离为4800千米,它的计算机可以确定导弹的轨道、目标和到达的时间。

此外,战后还发展了多种小型军用和民用雷达,其中最突出的是机载小型雷达。飞机运载这种带有小型天线的雷达,沿固定航线飞行,雷达系统将天线接收的信号送计算机分析处理。这种雷达所获得的信息量大,分辨率高,这就是合成孔径雷达。

20世纪50年代大功率速调管出现后,根据多普勒效应,制造出目标显示雷达,可以探测出目标的速度。

20世纪60年代以后,雷达在航天事业中发挥了重要作用。例如,在登月活动和空间飞船对接活动中,雷达同计算机配合,完成了跟踪、定向等多种任务。

海上"巨无霸"——航空母舰

航空母舰是一种威力强大的舰种,是海军控制大面积海域的主要机动兵力。它从开始出现到逐步完善,已经走过了100多年的发展历程。

1910年11月,美国东海岸的一处海湾上,停泊着一艘轻巡洋舰"伯明翰"

号。这一天，这艘舰上的舰员们特别忙碌，他们在进行着各种准备工作，以便进行一次大胆的试验——世界上第一架飞机在军舰上起飞。在这艘巡洋舰的甲板上，铺设了一条26米长的木制飞行跑道。跑道的起端，停放着一架准备起飞的民用单人双翼飞机。

起飞命令一下达，飞机立即启动并开始滑动，速度不断加快，当飞机滑完26米长的跑道后，便离开了舰身。由于飞机滑跑距离太短，速度不够，升力不足，飞机越来越低，眼看就要掉进水里了。就在这危急关头，沉着的驾驶员巧妙地操纵飞机尾水平舵，将飞机拉了起来，又飞行了3千米，在海湾附近的一个广场上着陆了。

这次试飞成功后两个月，美国海军又进行了一次飞机在军舰上降落的试验。在一艘巡洋舰的后主甲板上，铺设了一条长36米的木制跑道。在跑道上，每隔1米，横方向装一根绳索，绳的两端拴着沙袋。还是那个进行起飞试验的驾驶员，从附近的机场驾驶着飞机起飞，朝巡洋舰飞来。当飞机接近军舰时，朝跑道俯冲下来。飞机降在舰上时，机身下面的一个钩子，钩住了一道道绳索，拖着沙袋向前滑跑。因飞机被绳索和沙袋拖住，阻力很大，滑不多远，很快就停下来了。

试验证明，飞机能在军舰上起落，因而能在海上作战。这就使各国对建造可供飞机起落的舰船，产生了更大的兴趣。

1918年，英国海军对一艘巡洋舰进行改制，使之可供飞机在舰上同时起飞和降落。这艘巡洋舰叫"飞机搭载舰"，是最早出现的用旧军舰改装成的航空母舰，它能装载20架飞机。同年7月，从这艘舰上起飞的飞机，轰炸了德国的一个空军基地。

不久，英国又把一艘正在建造的客轮"卡吉士"号，改装成航空母舰"百眼巨人"号。它具有全通式飞行甲板，即起飞和降落是连在一起的，飞行跑道更长了，飞机的起飞和降落方便多了。

美国也在1922年将一艘运煤船改装成全通式飞行甲板的航空母舰"兰格利"号。日本在1922年底，新造了一艘"凤翔"号航空母舰，这是世界上第一艘不是用旧船改装，而是专门设计和建造的航空母舰。这艘航空母舰已初步具有现代航空母舰的样子。例如它具有全通式的飞行甲板，上层建筑很小，且位于右舷。该舰排水量只有7000多吨，长160多米，能携带21架飞机。

1921—1922年，美、英、日、德、意等国在华盛顿共同制定了一个关于限制战列舰总吨位的协定，这一协定促进了航空母舰的发展。

到1930年前后，美、英、日、法等国先后改装成一批航空母舰。这批航空母舰与最先制造的"凤翔"号相比，吨位和装载飞机量都增加了好几倍，航速也增加了很多。一般排水量为10 000～40 000吨，续航力为3000～12 000千米，飞行甲板长为130～270米，舰宽为21～35米，一般能载20～29架飞机。

第二次世界大战中，航空母舰的作用受到各国的高度重视，掀起了设计、建造新型航空母舰的热潮，使航空母舰的数量急剧增加。到第二次世界大战结束时，各国已建或正在建造的航空母舰有200艘左右。

在第二次世界大战后，新建或改装的航空母舰采用了很多新技术、新装备，战斗力有了很大的提高。

首先在航空母舰上，装载了喷气式作战飞机。美国在1952年开始建造的"福莱斯特"级航空母舰，装备了喷气式作战飞机。以后美国新造和改装的攻击型航空母舰"小鹰"级、"企业"号等都是装备喷气式飞机的。英国的"皇家方舟"号、法国的"克里蒙梭"号等航空母舰也相继装备了喷气式飞机。因为喷气式飞机具有速度快、升限高、机动性好、载弹多等优点，使航空母舰的空中攻击能力大大增强。

其次是航空母舰还装上核武器，具有核打击能力，攻击威力有了很大提高。

虽然一枚核弹有几吨重，只比普通重型炸弹重几倍，但它的爆炸威力，要比普通炸弹或炮弹大几百倍、几万倍甚至几千万倍。1949年美国最先在航空母舰装上核武器，从此以后，新造和改装的攻击型航空母舰，也都具有核攻击能力。

第三是航空母舰普遍提高了反潜能力。航空母舰的体积大，是潜艇从水下攻击的重要目标。为防止潜艇攻击，一般的航空母舰上都装备有反潜飞机，还有一些航空母舰是专为反潜而制造的，或以反潜为主，兼顾其他。

第四是航空母舰的航海性能也得到提高，更能适应远洋作战的需要。新型航空母舰普遍增加了燃油储量，使续航能力增加到15 000~22 000千米。美国于1961年建成了世界上第一艘核动力航空母舰"企业"号，它加一次核燃料可以用13年，能连续航行74万千米，相当于绕地球18圈。

第五是航空母舰上电子设备增多，自动化程度有很大提高。卫星通讯和卫星导航系统，全天候电子助降装置，各种大功率、高精度的雷达、声呐及电子对抗装置，各种自动化设备等，都陆续装上航空母舰。

可以说，航空母舰是海军舰艇中电子设备种类最齐全、数量最多、性能最好的军舰。

飞艇的发明与发展

在1783年发明了气球之后，人们马上就想方设法推进和驾驶气球。

1784年，法国罗伯特兄弟制造了一艘人力飞艇，长15.6米，最大直径9.6米，充氢气后可产生1000多千克的升力。罗伯特兄弟认为，飞艇在空中飞行和鱼在水中游动差不多，因此把它制成鱼形，艇上装上了桨，这桨是用绸子绷在直径2米的框子上制成的。

1784年7月6日开始进行试飞，当气囊充满氢气后，飞艇冉冉上升，随着高度的增加，大气压逐渐降低，囊内氢气膨胀，气囊越胀越大，眼看就要胀破，这可把罗伯特兄弟吓坏了，他们赶紧用小刀把气囊刺了一个小孔，才使飞艇安全地降到了地面。

这次试验启示人们，应当在气囊上留一个放气阀门。2个月后，兄弟俩又对飞艇进行了改装，做了第二次飞行。

这次飞行由7个人划桨作动力，飞行了7个小时，但只飞了几千米。虽然飞行速度很慢，但它毕竟是人类第一艘有动力的飞艇。

1872年，法国人特·罗姆制成了一艘用螺旋桨代替划桨的人力飞艇。飞艇长36米，最大直径15米。

加上吊舱，高达29米，可载8人。螺旋桨直径9米，几个人轮流转动螺旋桨，使其产生拉力，牵引飞艇前进，速度达每小时10千米，比划桨的飞艇好多了。

不久之后，另一个法国人卡奴·米亚从自行车受到启发，设计了一种脚踏式螺旋桨飞艇。这种单人飞艇在无风时可以短时间飞行，速度可达每小时16千米，比起手转螺旋桨飞艇又快了许多。

但这时飞艇飞行中有一个难题还没解决，就是飞艇一升高，就要通过阀门放气，以防止气囊膨胀爆裂。但气放掉之后，就再也无法升高了。

为解决这一问题，法国的查理教授和罗伯特兄弟于1874年制成了一种装有空气房的气球。它的形状像纺锤，与现代飞艇很相似。这种气球，外面是一个大的丝质胶囊，里面有一个小气囊，小气囊上面有一个气体阀门。

外囊充氢气，使气球产生浮力升到空中，内囊用来充空气。这个小气囊就叫"空气房"。

气球在升空之前，先将"空气房"充进空气。当气球升到一定高度后，就将"空气房"打开，放出一部分空气。这样，外囊膨胀后，"空气房"就因受挤压而缩小，使外囊膨胀的压力有所减小，以保证气囊不致胀破。

这一发明，解决了气球升空的一大难题，是飞艇发展史上的又一重大突破。此后，"空气房"很快便在所有飞艇上使用了，并一直使用至今。

18世纪60年代，蒸汽机、内燃机、电动机相继发明，为飞艇动力的改进创造了条件。

1851年，一台重160千克，功率为2.2千瓦的蒸汽机制造成功，并很快被应用于飞艇上。

1852年，法国的齐菲尔德制造了一艘椭圆形的飞艇，长44米，最大直径13米，总升力2吨多。飞艇上安装了螺旋桨，并用这台蒸汽机作动力。

1852年9月24日，这艘以蒸汽机作动力的飞艇在巴黎郊区试飞。那天，天气晴朗，风和日丽。

飞艇升空后，蒸汽机以每分钟110转的速度，带动直径3米多的三叶螺旋桨旋转，前进速度达到每小时9.4千米。但由于没有考虑操纵问题。因而飞艇起飞后不能返回起飞地点着陆。

1884年，法国的军官路纳德和克里布又制造了一艘"法兰西"号飞艇，长51米，前部最大直径8.4米，用蓄电池供电的电动机作动力。

1984年8月9日凌晨4点，在法国科学院观察员的陪同下解缆试航。飞艇先向南飞行，然后向凡尔赛宫飞去，在离开出发点4千米处返航。

在高度300米处打开放气阀门排氢降落，在降落中多次前后转动，以对准着陆点。飞艇到达80米高度时，丢下缆绳由地面拉降固定。试飞历时25分钟，飞行速度最高达每小时24千米。这是人类第一艘能操纵的飞艇。

在飞艇发展史上，德国的退役将军菲迪南德·格拉夫·齐柏林是一个重要人物，他是硬式飞艇的发明者，被后人称为"飞艇之父"。

1900年，齐柏林制造了第一架硬式飞艇。它的最大特点是有一个硬的骨架，骨架是由一根腹部纵向大梁和24根长桁及16个框架构成，并使用了大纵向和横向拉线，以增强结构强度；艇体构架外面蒙上防水布制成的蒙皮，艇体内有17个气囊，总容积达到1.2万立方米，总浮力达13吨，比当时软式飞艇大 5~6 倍。

由于多气囊还能起到类似船上隔水舱的作用，所以大大提高了飞行的安全度。

1908 年，齐柏林又用自己的全部财产设计制造了当时世界上最大的一艘飞艇——"Lz-4"号。齐柏林对这艘飞艇的性能非常满意，他曾亲自驾驶这艘飞艇作了一次远航试验。

飞艇从德国起飞，飞过阿尔卑斯山，到达瑞士后返航。这一成就引起了德国政府的重视，他们宣布，如果飞艇续航时间能超过 24 小时，政府就购买它，并愿意支付发展硬式飞艇所用的全部研制费用。1908 年 8 月 4 日，是"Lz-4"号飞艇正式接受检验的日子。

政府官员和许多观众都来到了现场。齐柏林亲自驾驶飞艇升空。开始一切都很顺利，可是几小时后，发动机就出了毛病，飞艇只好迫降地面，进行维修，准备再次升空。

谁知祸不单行，偏偏在这个时候又起了一阵狂风，将飞艇的锚绳吹断。飞艇朝一片树丛撞去，当场毁坏了。

正当齐柏林走投无路时，一位法兰克福时代报的记者富果·艾肯纳博士帮助了他。艾肯纳将飞艇的现场客观地作了报导，又把齐柏林为发展飞艇而奋斗的事迹作了一番宣扬。全德国的报纸都转载了艾肯纳的文章。齐柏林的事迹深深打动了人们的心，德国人民发动了一场捐款活动，在很短时间内就筹集了 600 万马克，足够齐柏林再造一艘新飞艇。齐柏林总结了过去失败的教训，重新设计制造了"Lz-5"号、"Lz-6"号飞艇，经过试飞都获得了成功，在空中停留的时间都超过了 24 小时。后来他又制造了三架飞艇，性能都不错，完全可以进行运输。

这样，齐柏林与艾肯纳决定成立航空公司，起名叫德拉格公司。这是世界上第一家航空公司。1910 年 6 月 22 日，第一艘飞艇正式从德国法兰克福飞往杜赛尔，建立了第一条定期空中航线，担任首航运输任务的就是"Lz-7"号飞艇，它一次可载 24 名旅客，有 12 名乘务员，飞行速度为每小时 69~77 千米。

齐柏林逝世后，他的继承人艾肯纳博士提出了一个大胆的计划：建造一艘环球飞艇，开辟洲际长途客运。艾肯纳设计的环球飞艇确实很大，这艘飞艇长达 237 米，最大直径 30.5 米，可充 10.47 万立方米的氢气，本身重量为 118 吨，载重 53 吨，用 5 台柴油发动机作动力，最大速度每小时 193 千米，于 1927 年 7 月建成。为纪念齐柏林，特地将这艘飞艇命名为"格拉夫·齐柏林"号，由他的女儿主持了建成典礼。

1929 年 8 月 8 日，"格拉夫·齐柏林"号飞艇开始了一次伟大的环球飞行，从美国的新泽西州出发，经过德国、前苏联、中国、日本，于 8 月 26 日回到洛杉矶市。整个航程历时 21 天 7 小时 34 分。

齐柏林号飞艇环球飞行的成功大大促进了飞艇的发展。据统计，在 20 世纪 20—30 年代，美国建造了 86 艘，英国建造了 72 艘，德国建造了 188 艘，法国建造了 100 艘，意大利建造了 38 艘，前苏联建造了 24 艘，日本也建造了 12 艘。这是飞艇的鼎盛时期，所以人们把这期间称作飞艇的"黄金时代"。

像鱼儿一样的潜艇

从很早的时候起，人们就向往着能像鱼儿一样在水中自由游泳。2000 多年前，有个国王叫亚历山大，他想到水下去逍遥，就下令工匠们给他做了一个玻璃容器，他躺在这个容器里沉到海底，并在海底停留了一些时候，看到了水下奇异的水族生活。这可以看作早期人们对潜水装置的探索。

17 世纪初，荷兰有个物理学家，名叫科尼利斯·德雷尔，为了使潜水船能在水中前进，他做了长时间的研究和试验。17 世纪 20 年代，他用一条最大的潜水船，装载 12 名水手，用浆划船前进。这种潜水船是用木料制成的，在船体外面蒙上了一层涂油的牛皮，下潜深度为 4～5 米，船内装有羊皮囊作为水柜。羊皮囊内灌进了水，船就下潜；把羊皮囊内的水挤压出去，船就上浮到水面。

这种潜水船要算是世界上最早的潜艇雏形了。

18世纪美国独立战争时,英国的战舰在美国的海面和港口横冲直撞,激起了美国人的义愤。有一个叫戴维特·布斯涅尔的美国人,很早就想造一条潜水船到水下做一次旅行。由于战争爆发,他改变了主意,打算建造一条水下战舰,从水下去攻击英国的水面战舰。于是,他很快设计制成了一条小艇,起名叫"海龟"。

"海龟"艇是木制的外壳,形状很像一个尖头向下的鹅蛋。艇底有一个小水柜,艇内有一个小水泵,向水柜灌水时,小艇就潜入水中,当水泵把水柜的水抽出时,小艇就上浮。艇上还装有一个手摇螺旋桨,可使小艇在水下前进。艇外挂有一个大炸药桶。进攻时,小艇开到敌舰的正下方,然后用长矛似的钻子去钻敌舰的船底,钻好后把炸药桶挂上,启动定时爆炸装置,当小艇离开后,炸药桶自动爆炸,就可以摧毁敌舰。

"海龟"艇制成后,曾奉命攻击英国的快速战舰"鹰"号。当"海龟"艇潜到"鹰"号的船底下方时,驾驶员埃兹拉·里选择钻孔的位置不对,钻不进去,他怕所带的氧气用完,于是放弃了攻击,浮出水面,准备返航。这时,英国海军巡逻艇发现了它,就把它当做怪物进行追捕。"海龟"艇跑不过巡逻艇,埃兹拉·里急中生智,把炸药桶放了出来,并点燃了定时爆炸装置,轰隆!一声巨响,吓得英国巡逻艇调头就跑,埃兹拉·里安全返回了基地。

18世纪末,爱尔兰裔的美国人罗伯特·富尔顿建造了一艘小巧玲珑的潜艇,名叫"舡鱼"。该潜艇长7米,形状像子弹,艇体为铁架铜壳,有水柜,能使艇沉浮。艇上还有一台手摇螺旋桨,保证水下行驶;还有一根可以折叠的桅杆,并装有风帆,能使艇在水上航行。它使用的武器是水雷。这条潜艇从材料、设备到武器,都比"海龟"艇有较大的改进,所以比"海龟"艇潜得深,攻击威力大。

19世纪中叶,德国人威廉·鲍尔对罗伯特·富尔顿的潜艇加以改进,制成了"火焰"号潜艇,装置一对踏车作为动力。它就像现在的自行车一样,用脚踏飞轮,带动螺旋桨转动,使艇前进。

19世纪60年代,美国国内爆发了"南北战争"。南军建造的"大卫"号潜艇,是以小型蒸汽机作为动力的。这是潜艇在动力上由人力改为机器的第一次重大改进。1863年10月的一个夜晚,"大卫"号潜艇袭击了北军的"克伦威尔"号铁甲舰,使其受了伤。1864年2月17日傍晚,南军又使用"亨利"号潜艇,用长竿鱼雷(鱼雷绑在一根长竿上)炸沉了北军的一艘巡洋舰"休斯敦"号,成为历史上第一艘击沉战舰的潜艇。

1863年,法国建造了一艘很大的潜艇,叫"潜水员"号,长约47米,排水量420吨,艇上安装了80马力的压缩空气发动机作为动力。这个艇在水下航行的稳定性能差。到1881年,爱尔兰籍美国人霍兰,在解决潜艇水下航行稳定性方面取得了进展,他用升降舵来保持潜艇水下航行时的稳定。

19世纪80年代,法国又制造了一艘名叫"吉姆诺特"号的潜艇。这艘潜艇装上了蓄电池,使用了55马力的电动机作动力,这是潜艇动力上的又一次重大改革。

1898年,霍兰又研制了一种潜艇,以汽油发动机作动力,水下最大航行速度为5节(1节为每小时1海里),水上可达7节,这艘潜艇还可以水下发射鱼雷。

1899年,有个名叫芬贝夫的人,制成了一艘名叫"纳维尔"号的潜艇,有两层壳体,在艇的内壳外又包上一层外壳。内外壳之间的空间用来装水,叫水柜,可使潜艇下潜上浮,使潜艇具备了较好的潜浮和航海性能。水下航行速度可达8节,水上航行速度达到11节,并能给蓄电池充电。这一重大改进,为现代潜艇打下了良好的基础。

在第一次世界大战前几年,潜艇越造越大,越造越好,由于使用了柴油机作动力,航速有很大的提高,武器装备也比以前多了。第一次世界大战一开始,潜艇就投入到大规模的海战中。1914年9月22日,德国的一艘潜艇在1小时15分钟内,用6个鱼雷击沉了英国3艘1.2万吨的巡洋舰,充分显示了潜艇的威力。

到了第二次世界大战期间,世界各国建造的潜艇总数已达到1600多艘。

随着潜艇数量的增加,种类也在增多,用途也越来越广。潜艇的排水量,已从数百吨发展到2000多吨。不仅出现了小型、中型、大型潜艇,而且还出现了执行特殊任务的袖珍潜艇。

第一次世界大战期间,为了提高潜艇的攻击和自卫能力,安装了火炮。

但火炮在水中阻力很大,影响了潜艇的速度,以后又把火炮拆除了,增加了鱼雷发射管的数量,这样不仅提高了潜艇水下航行的速度,而且也增大了潜艇的攻击威力。

第二次世界大战后,有的国家把常规动力改为核动力。1954年,美国的"舡鱼"号潜艇首先采用了核动力。核动力使潜艇有了较大的航速,它比常规动力的速度大一倍多,而且能长时间在水下航行,它可以绕地球跑好几圈而不需要增添燃料,而且它能够以90%以上的时间在水下活动,大大提高了隐蔽性。而装备了弹道导弹的核潜艇,已经成为一支战略打击力量。

杀伤力巨大的火炮

中国是最早发明火炮的国家。早在元朝时,作为管形火器的竹管已开始被金属管所代替。先前以粗毛竹制作的突火枪,也变成了用金属做的大型火铳。这种用金属制作的大型火铳,就是早期的火炮。中国历史博物馆中展出的元代至顺三年(1331年)制造的青铜铸炮,重6.94千克,长35.37厘米,口径105毫米。

中国的火药和火器西传以后，火炮在欧洲开始发展。14世纪上半叶，欧洲开始制造出发射石弹的火炮。其中1346年克勒西会战时，英国国王爱德华三世统帅的部队就使用了短管射石炮。到1350年，火器已流传到西欧、南欧和中欧各国。百年战争中已使用生铁或青铜做成的火炮，发射铅弹、铁弹或铁器。1378年德国制成了铸铜炮和铸锡炮。

15世纪时，出现了带炮耳的火炮。这种火炮有两个短轴装置在炮管平衡点上，周绕该点可使炮管俯仰。当然，对炮手来说，最重要的是怎样才能简单迅速地调整火炮射程，正是这种需要导致了弹道学的诞生。伽利略提出，弹丸飞行的轨迹是抛物线形的，从而纠正了人们认为炮弹在垂直下落之前是直线飞行的错误观念。此后，英国的数学家本杰明·罗宾斯发明了一种名为弹道摆装置，用于测量初速。

进入18世纪后，火炮技术取得了惊人的进展。1736年，法国的古里鲍巴尔对火炮作了重大改进。他对炮身长度、炮筒尺寸、弹丸重量及火药的装药量等都进行了精心研究，并把火炮分成几段制造，即使炮体的一部分毁坏，也能在更换后继续使用。

18世纪中叶，普鲁士王弗里德里希二世和法国炮兵总监格里博沃尔曾致力于提高火炮的机动性和标准化。在英法等国多次试验的基础上统一了火炮口径，使火炮各部分的金属重量比例更为恰当。

从火炮出现到19世纪中叶以前，火炮一般是滑膛前装炮，发射实心球弹，部分火炮发射球形爆炸弹、霰弹和榴霰弹。这种火炮的主要缺点是射速慢，射程近，射击精度差。1846年，意大利G·卡瓦利少校在以往大量试验的基础上制成了螺旋线膛炮，发射锥头柱体长形爆炸弹，提高了火炮的威力和射击精度，增大了火炮射程。

火炮技术的一项重要进步是反后坐装置的创制。在19世纪末期以前，炮身通过耳轴与炮架相连接，这种火炮的炮架称为刚性炮架。这种炮架在火炮发射时受力大，火炮笨重，机动性差，发射时影响瞄准。在1807年英国旗舰"胜利号"上曾用滑轮和重锤来限制火炮的后坐力。

19世纪末期才出现了反后坐装置，炮身通过反后坐装置与炮架相连接，这种火炮的炮架称为弹性炮架。影响最大的是法国1897年式75毫米野战炮。

这种火炮的设计包括具有两种重要功能的液压气动式反后坐装置。它不但能吸收火炮射出时产生的后坐力，而且与当时处在研究阶段的其他方法不同，能在发射之后把炮管复归原位，从而有效地提高了火炮的发射速度和威力。

从20世纪初开始，火炮进入多样化、专业和性能全面提高的大发展时期。第一次世界大战期间，为了对隐蔽目标和机枪阵地射击，广泛使用了迫击炮和小口径平射炮。随着坦克的出现又产生了坦克炮。为了对付空中目标，广泛使用了高射炮。当时各交战国还重视大口径远程火炮的发展。法国1917年制成220毫米加农炮，最大射程达22千米。德国1912年制成的420毫米榴弹炮，最大射程9300米。

20世纪30年代，火炮性能进一步改善。通过改进弹药、增大射角、加长身管等途径增大了射程。轻榴弹炮射程增大到12千米左右，重榴弹炮增大到15千米左右，150毫米加农炮增大到20～25千米。炮闩和装填机构的改进，提高了发射速度。普遍实行机械牵引，减轻火炮重量，提高了火炮的机动性。

第二次世界大战中，由于飞机提高了飞行高度，出现了大口径高射炮、近炸引信和包括炮瞄雷达在内的火控系统。由于坦克和其他装甲目标成了军队的主要威胁，又出现了无后坐力炮和威力更大的反坦克炮。

古老的飞行器

征服自然，飞上天空，是人类很早就产生的一种强烈愿望。但人类能够上天飞行，则是在1783年气球发明之后。作为把人类带上天空的飞行器，它比1903年美国莱特兄弟发明的第一架飞机要早100多年。

1783年6月5日，在法国东南部的昂诺内小镇，有个名叫约瑟夫·蒙戈菲尔的青年，他是一个造纸商的小伙计。他受炊烟上升现象的启示，做了一个丝质球形口袋，并将这个口袋底朝上，口朝下，通过燃烧稻草和木柴，使袋内的空气受热，气球就离地升起，飘然远去，大约飞了2500米。这便是欧洲最早出现的热空气气球。

实际上，这种利用热空气浮升的方法，并非始于欧洲。

在中国，2000多年前就有人进行这种试验了。汉武帝时，淮南王刘安等人写的《淮南子》一书记载："取鸡子，去其汁，燃艾火纳空卵中，疾风因举之飞。"意思是说，把鸡蛋挖空，在空壳里点火，把空气烧热，蛋壳就能飞起来。

现在根据实验与计算得知，由于空蛋壳太小，里面充满了热空气还不足以使蛋壳浮到空中，但它说明我们祖先很早就注意到热空气的浮升作用。

五代（907—960年）时，辛七娘指挥作战，曾用竹篾扎成方架糊上纸，下面用松脂点燃，靠热空气把纸灯送上天空，作为军事信号。这种灯被称为"松脂灯"，实际上就是一只热气球。

这说明中国人制造的热空气气球，比欧洲的气球早好几百年。但那时的气球都还没达到能载人载物的程度。

约瑟夫·蒙戈菲尔研制的第一只热气球试验成功后，他想，要是把球做得大些，浮力就会增大，一定可以装上更多的东西上天。

于是他又花了三个月时间做了一个大气球,形状像只大鸭梨,直径最大处有 12 米,长 17 米。球体的表面蒙上轻质的纱布,上面还糊了一层防止漏气的纸。气球的下面吊着一只用柳条编的笼子,里面装着一只公鸡、一只鸭子和一只山羊。

1783 年 9 月 19 日,蒙戈菲尔带着气球来到法国首都巴黎表演。凡尔赛宫前的广场上挤满了看热闹的人群,法国国王路易十六,也带着满朝文武官员到现场观看。

蒙戈菲尔首先点燃气球下的稻草和柴火,等到热空气充满气球后,他放开气球,于是热空气便托着这只巨大的气球,慢慢上升。飞到离地 500 米空中,8 分钟后,气球在 3 千米以外降落,三位"乘客"中只有那只公鸡受了点轻伤。但不是因为飞行出了问题,而是高兴的公鸡,在空中引颈高歌时,被受惊的山羊踢了一脚造成的。

表演成功了,这促使国王批准进行世界上首次载人气球飞行试验。

但由谁来驾驶呢?

国王路易十六认为,乘气球升天是十分危险的事,因此找了两个被判了死刑的犯人来进行试验,并宣布:如果犯人愿意乘气球上天的话,可以免除死刑。

但那时人们对天空充满着神奇和恐惧的心理,认为乘气球上天简直是送死,甚至觉得比死还可怕。所以当这两名犯人听说要让他们乘气球上天时,吓得连连哀求,不肯到气球上去。

这件事很快被两个年轻的科学家皮拉特尔·德·罗依尔和阿兰德知道了。

他们便去见国王,对国王说:乘气球上天,成为人类中第一个上天的人,是一件非常光荣的事,不应让犯人来担任。他们向国王要求,让他们做试验。

看到他们坚决的态度,国王只好同意了。

科学发明与创造

1783年11月21日，试飞的时候到了。闻讯赶来观看的人非常多，把广场挤得水泄不通，连房顶上都站满了人。

只见罗依尔和阿兰德登上气球后，解开缆绳。气球便载着两名勇敢的年轻人，飘然升空，一直升到300多米的空中。

风推着他们越过塞纳河，直到气球里的热空气开始变冷了，气球才安然落地。试验成功了，罗依尔和阿兰德成了世界上最早上天的人。

自从第一只热气球升空后，许多从事科学研究的人，都在议论这个新奇的发明。热空气球虽然简单，但燃料有限，在当时条件下，不可能造得很大，也飞不远。因此大家都认为可以用氢气代替热空气，使气球飞得更高、更远。

在发明热空气气球之前，英国人卡文迪西于1766年已发现了氢气，但当时大量生产还有困难。于是法国成立了一个以雅·查理教授为首的专门小组，设法生产氢气，进行气球试验。

在罗伯特兄弟的协助下，他们用坚韧的丝质材料做了一个大气囊，上面涂上橡胶，使气体不致泄露。然后往里面灌进氢气。查理教授等人花了四天四夜，才将气球充满氢气。第五天天一亮，他们就用一辆马车把气球运到巴黎附近的一个大广场进行升空试验。

这次试验取得了成功，它证明氢气球比热气球好得多，它不需要燃料，可以长距离飞行，浮力比热空气大两倍多，完全可以把人送上高空。

这之后，氢气球很快就得到了普遍利用。

了不起的现代火箭

火箭的发展有着漫长的历史，古今火箭在性能和结构复杂程度上相差极为悬殊，但原理却是相同的：依靠不断向后喷射燃气而前进。

世界上公认，火箭是中国首先发明的。早在南宋，火箭已在中国用做武器，明代又有所改进。有的将多个火箭绑在一起以增大推力，有的使用了二级火箭。这与现代使用的集束式火箭和多级火箭原理上是一样的。

古代火箭主要用于作战，但已有人幻想利用它航天。据野史记载，1500年前后，中国一位叫万户的学者，把47枚火箭绑在椅后，自己手持风筝端坐椅上，请人同时点燃这些火箭，决心飞上天去。结果一声爆炸，碎片纷飞，再也找不到万户。为了纪念这位为人类航天而献身的先驱者，现代科学家将月球背面的一个环形山命名为"万户火山口"。

现代火箭的产生和发展是建立在大量的理论和实验研究基础上的。由于液体燃料燃烧的理论和技术问题都比固体燃料简单，所以现代火箭是从液体火箭开始的。前苏联、德国、美国都有代表人物在研制火箭方面取得杰出成就。

齐奥尔科夫斯基是前苏联人，他从小多病，曾经患猩红热，病后耳朵几乎聋了，被迫中途退学。但他顽强自学，22岁参加中学数学教师的招考被录用，开始了中学教师生活，业余时间搞科学研究。1895年他写了一本科学幻想小说《奇异的地球和天空》。1898年，他写成《用火箭推进飞行器探索宇宙》一文，拖延5年以后才发表在前苏联的《科学评论》杂志上。这篇文章第一次阐述了火箭飞行和火箭发动机的基本原理，具体说明液体火箭的构造，认为可以用液氧和煤油做推进剂，提出了质量比（起飞质量和推进剂消耗完后的质量的比值）概念，推导出计算火箭飞行最大速度的公式。它从科学上证明了太空旅行的可行性。齐奥尔科夫斯基共发表论文、科普文章、科幻小说等近600篇。1920年，列宁亲自下令支持齐奥尔科夫斯基的研究工作。他的研究成果对苏联火箭技术的发展有深远的影响。

奥伯斯关于火箭的研究工作是在德国进行的。1923年，他出版了《从火箭到星际太空》一书。他深入研究了许多技术问题，比如喷气速度、理想速度和火箭在大气层中上升的最佳速度等。奥伯斯的著作曾经由科普作家改成写通俗读物，产生了广泛影响。

哥达德是美国人，他被科幻小说描写的太空飞行所吸引，立志从事火箭研究。他把理论研究和实验结合起来。1926年3月，哥达德制造的用液氧和汽油做推进剂的第一枚液体火箭试飞成功。1929年，他又发射一枚装有气压计、温度计和照相机的火箭。从1930年到1935年，他发射了多枚火箭，高度达到2500米左右。

从20世纪30年代起，火箭研究在德、意、英、法、奥等许多国家开展起来。尤其是德国，它的开创性研究，是在其他欧洲国家的严密监视下进行的。从30年代开始，特别是希特勒上台之后，德国广泛罗致人才，充分提供研究经费，在极端保密的情况下，使火箭研究迅速发展。

1932年，德国陆军接管了火箭研究工作，并进行了大量基础性研究。1933年，开始设计火箭。在冯·布劳恩的主持下，通过反复试验，在空气动力学方面取得了重要成果，在制导与控制、发动机设计、弹道设计方面积累了大量经验。

在此基础上，1942年10月3日，在精心选择、严格保密的波罗的海沿岸佩内明德发射场，成功地发射了第一枚液体军用飞弹V-2，飞行190千米，横向偏差4千米，最大高度85千米。V-2飞弹全长14米，结构重量为3.99吨，携带 8.96 吨推进剂和 1 吨的弹头，最大射程 300 千米。

从 1944 年 9 月至 1945 年 3 月，纳粹德国仅向英国就发射了 1 万多枚 V-2，但这并不能挽救其覆灭的命运。不过飞弹本身却成了战后各国火箭发展的蓝本。

第二次世界大战以后，美苏两国成了德国 V-2 成就的继承者。美国俘获了包括冯·布劳恩在内的 100 多名德国一流的火箭专家，全部 V-2 资料；前苏联俘获了一批二流专家和大量 V-2 及其零件。这为美苏发展火箭技术提供了有利条件。

在 1945 年以前，科学家们对距地表 100 公里以上高空的情况，只有通过间接手段得来的少得可怜的知识。战后，科学家们迫不及待地利用战争中发展起来的火箭，在头部安放仪器，对高空各方面的情况进行直接的探测。1946 年 4 月美国首次发射 V-2，这是一个探空火箭计划的开始，也是研究、仿制、改进 V-2 直到研究全新火箭这个过程的开始。不久，V-2 火箭头部装上科学仪器被发射到 73～130 千米的高空。1947 年第一次成功地使用降落伞将火箭安全降落下来。

前苏联于 1947 年 10 月发射第一颗 V-2。1947—1949 年还研制了几种探空火箭，一直用到 20 世纪 50 年代。

战后 10 年，火箭发动机技术、飞行控制、跟踪、遥测和遥控仪器都随着经验的积累和高空数据的获得而不断发展。1957—1958 年是国际地球物理年，出现了利用探空火箭探测高空的高潮。在此期间，美国发射了 210 枚火箭，苏联发射了 125 枚，英、德、法、日等十几个国家也都制定了探空的合作项目。火箭最大高度已达 470 千米。在这些探测活动中，各国获得了关于地球大气层的物理和化学性质、地磁场、宇宙辐射和太阳辐射以及陨石等大量资料，火箭的科学价值也逐渐为人们所充分认识。

科学发明与创造

实现人们飞向天空梦想的飞机

像鸟儿一样在天空飞翔，自古以来就是人类的梦想。为了它的实现，人们付出了多年坚持不懈的努力，甚至许多先驱者付出了生命的代价。终于，在1903年12月17日，世界上第一架载人动力飞机在美国北卡罗来纳州的基蒂霍克飞上了蓝天。这架飞机被叫做"飞行者-1号"，它的发明者就是美国的威尔伯·莱特和奥维尔·莱特兄弟。莱特兄弟的第一次有动力的持续飞行，实现了人类渴望已久的梦想，人类的飞行时代从此拉开了帷幕。

威尔伯·莱特生于1867年4月16日，他的弟弟奥维尔·莱特生于1871年8月19日，他们从小就对机械装配和飞行怀有浓厚的兴趣，莱特兄弟原以修理自行车为生，兄弟俩聪明好学，从1896年开始，他们就一直热心于飞行研究。通过多次研究和实验，他们很快得出一个结论：要解决飞机操纵这个悬而未决的关键问题，必须装上某种能使空气动力学发挥作用的机械装置。他们按照这一想法，在基蒂霍克沙丘上空对载人滑翔机进行了几度寒暑的试验之后，他们的梦想终于变成了现实。

奥托·李林塔尔试飞滑翔机成功的消息使他们立志飞行。1896年李林塔尔试飞失事，促使他们把注意力集中在了飞机的平衡操纵上面。他们特别研究了鸟的飞行，并深入钻研了当时几乎所有关于航空理论方面的书籍。这个时期，航空事业连连受挫，飞行技师皮尔机毁人亡，重机枪发明人马克沁试飞失败，航空学家兰利连飞机带人摔入水中等，这使大多数人认为飞机依靠自身动力的飞行完全不可能。

莱特兄弟却没有放弃自己的努力。从1900年至1902年，他们除了进行1000多次滑翔试飞之外，还自制了200多个不同的机翼进行了上千次风洞实验，修正了李林塔尔的一些错误的飞行数据，设计出了较大升力的机翼截面形状。滑翔机的留空时间毕竟有限，但假如给飞机加装动力并带上足够的燃料，那么它就可以自由地飞翔、起降。于是，兄弟俩又开始了动力飞机的研制。莱特兄弟废寝忘食地工作着，不久，他们便设计出一种性能优良的发动机和高效率的螺旋桨，然后成功地把各个部件组装成了世界上第一架动力飞机。他们在1903年制造出了第一架依靠自身动力进行载人飞行的飞机"飞行者"1号，这架飞机的翼展为13.2米，升降舵在前，方向舵在后，两副两叶推进螺旋桨由链条传动，着陆装置为滑橇式，装有一台70千克重，功率为8.8千瓦的四缸发动机。这架航空史上著名的飞机，现在陈列在美国华盛顿航空航天博物馆内。

"飞行者"号是一架普通双翼机，它的两个推进式螺旋桨分别安装在驾驶员位置的两侧，由单台发动机链式传动。1904年，莱特兄弟制造了装配有新型发动机的第二架"飞行者"，在代顿附近的霍夫曼草原进行试飞，最长的持续飞行时间超过了5分钟，飞行距离达4.4千米；1905年又试验了第三架"飞行者"，由威尔伯驾驶，持续飞行38分钟，飞行38.6千米。第一次试飞的那一天，天气寒冷，刮着大风，首先由弟弟奥维尔·莱特驾驶"飞行者"飞机进行飞行，留空时间12秒钟，飞行36.5米。在同一天内，飞机又进行了3次飞行，其中成绩最好的是哥哥威尔伯·莱特。他驾驶飞机在空中持续飞行260米。

1903年12月14—17日，"飞行者"1号进行第4次试飞，地点在美国北卡罗来纳州小鹰镇基蒂霍克的一片沙丘上。第一次试飞由奥维尔·莱特驾驶，共飞行了36米，留空12秒。第四次由威尔伯·莱特驾驶，共飞行了260米，留空59秒。1906年，他们的飞机在美国获得专利发明权。

莱特兄弟飞行的成功，最初并没有得到美国政府和公众的重视与承认，直

到1907年还为人们所怀疑；反而是法国于1908年首先给他们的成就以正确的评价，从此掀起了席卷世界的航空热潮。他们也因此终于在1909年获得美国国会荣誉奖。同年，他们创办了"莱特飞机公司"。威尔伯·莱特于1912年5月29日逝世，年仅45岁。此后，奥维尔·莱特奋斗30年，使莱特飞机公司成为世界著名的飞机制造商，资金高达百亿美元。奥维尔·莱特于1948年1月3日逝世。

可以往返宇宙的航天飞机

航天飞机是把通常的火箭、宇宙飞船和飞机的技术结合起来的一种新型运载工具，它最主要的特点是能够像客货运班机一样，在宇宙航行中往返使用多次。

关于航天飞机的研制工作虽然迟至20世纪70年代才大力展开，但早在50多年前，一批先驱者已认识到了它的优越性，并做了大量工作。20世纪初，在齐奥尔科夫斯基、哥达德和奥伯茨为"一次性火箭"奠定理论基础并进行实验的同时，对于宇航工具就存在着一种截然不同的设想：运载工具不仅要飞离地球，而且要能回到地球，即应该可以重复使用。

虽然可多次使用的运载工具有很多优越性，但却仅仅留在纸面上，首先付诸实施并获得巨大成就的还是一次性使用的火箭。这是因为可多次使用的运载器的研制要困难得多。此外，多次使用这个优点，对于兵器技术没有什么吸引力，因为在军事上这并不十分重要。但利用可重复使用运载器飞向空间的想法却从来没有放弃过。

到了20世纪60年代至70年代，由于使用一次性火箭耗费太大，于是人们迫切要求研制可多次使用的廉价运载工具。到20世纪60年代末，人类已经掌握了洲际导弹、载人登月和大型喷气客机等技术，研制航天飞机的技术条件成熟了。

美国在1968年就开始了航天飞机方案的讨论，先后提出了许多方案。

1970年7月正式开始研制，具体方案经过多次修改，到1976年2月才基本确定下来，这就是"哥伦比亚"航天飞机方案。

"哥伦比亚"航天飞机主要包括三部分：轨道器、助推火箭和推进剂外贮箱。总长度为56米，机重2000吨。轨道器是航天飞机的主体，可以载人和有效载荷。轨道分前、中、后三段，前段乘人，中段可以容纳人造卫星和各种仪器设备，后段装有三台使用液体燃料的主发动机，推力为510吨。两个固体燃料助推火箭，重580吨，推力为1315吨。推进剂外贮箱内前后两个贮箱分别装液氢和液氧，为轨道器的主发动机提供燃料。

"哥伦比亚"号的整个飞行过程可分为上升、轨道飞行和返回三个阶段。

发射时助推火箭和主发动机同时点火，航天飞机垂直起飞，当飞到50千米高时，助推火箭熄火，同轨道器自动分离。在快要进入绕地球运行的轨道时，主发动机熄火。接着由两台发动机提供推力，使轨道器进入地球轨道，至此上升阶段结束，轨道器绕地球开始无动力飞行，乘员执行各种任务。任务完成后开始返回阶段。机动发动机再次点火，进行制动减速，使轨道器脱离运行轨道，重新进入大气层，在大气中摩擦减速。这时轨道器变成了一架重型滑翔机，机翼成了决定性的器件，使它完成最后着陆阶段的滑翔飞行。在机场着陆时的速度为每小时341～346千米。

1981年4月12日，美国航天飞机"哥伦比亚"号载着两名宇航员首次试飞，经过54个半小时的飞行，绕地球36周后于14日安全着陆。

继第一次试飞成功之后,"哥伦比亚"号航天飞机又成功地进行了三次试飞,对系统的各种性能进行全面的试验。1982年11月11日,"哥伦比亚"号航天飞机正式开航。它携带宇航员成功地在将两颗卫星发射到预定的地球同步轨道位置上,从而开创了商业性空间运输的新纪元。继"哥伦比亚"号之后,1983年美国第二架航天飞机"挑战者"号也试飞成功。

航天飞机的出现是航天事业中的一场革命,航天飞机和大型空间站将是航天新时代的标志。

人类进入太空的工具——宇宙飞船

飞到太空去,漫游大宇宙,这是人类的一个夙愿。传说中国古代,有一位名叫嫦娥的女子,因偷吃了不死药,变得身手不凡而奔向月亮,永居天堂。

古希腊的一个神话说:莱湟的克里特国王囚禁了迷宫的建筑师代达洛斯和他的儿子爱琴。父子二人借腊制的双翼飞出了克里特岛。勇敢的爱琴因飞得离太阳太近,腊翼被熔化而坠入大海。后人为了纪念他,把他葬身的大海取名爱琴海。

美丽的神话故事,朴素地反映了古人对探索宇宙奥秘、揭示未知世界的神往。

1865年,凡尔纳写了一本著名的关于宇宙旅行的科幻小说,讲的是初次到月球上旅行的事情。虽然俄国科学家齐奥尔科夫斯基早在1903年对这个问题已进行了一些重要的物理学和数学研究,但是科学家们直到20世纪20年代才开始认真地考虑宇宙飞行的可能性。齐奥尔科夫斯基指出,只有火箭才是适用于离开地球大气层的飞行器。

火箭是一种较为理想的推进工具。它的发动机与航空发动机不同,它自带燃料和氧化剂，不仅能在真空中独立工作（即不依赖空气），而且还有巨大的推进能力。

在火箭推进方面最重要的理论工作和实践工作，是德国人完成的。德国物理学家奥伯特于1923年出版了一本有影响的书《宇航之路》。若干年后，汽车实业家冯·奥佩尔在柏林附近试制成功了一辆火箭推进的汽车。另外一个叫瓦利亚的火箭先驱者，于1929年制造出了一种用乙醇和液态氧作燃料的汽车，在冻冰的巴利亚湖上试车时，时速达378千米。

与此同时，美国的物理学教授戈达德正在做大量的、系统的火箭研究工作。他根据早期的一些实验写了一本小册子，名为《到达极大高度的方法》，于1919年出版。数年之后，他做了一系列的火箭发射试验，利用液态推进剂，火箭到达2286米的高空，速度每小时达到1126千米以上。

苏联人在空间探索方面取得了两项第一。1957年10月，一枚前苏联火箭携带着一颗较小的人造地球卫星飞升901千米后，开始以每小时27 358千米的速度绕地球飞行，这就意味着只要有足够大的离心力以抵消地球的引力，就能离开地球，进入太空。后来前苏联和美国的无人驾驶宇宙飞船曾多次进入外层空间，到达月球和太阳系中的其他星球。

苏联人取得的另一项第一是在1961年4月，他们用火箭发射了一个四吨半重的宇宙飞船。这艘飞船载着加加林进入轨道，以每小时28 968千米的速度，绕地球进行了89分钟的载人宇宙飞行。在第一次载人宇宙飞行之后，季托夫进行了第二次载人宇宙飞行，绕地球飞行了17圈。后来美国的格伦进行了第三次载人宇宙飞行。

1969年7月20日，美国首次进行了登月飞行，这是人类征服宇宙的伟大壮举。这枚三级、44吨重的阿波罗11号火箭燃烧液体燃料，用陀螺仪导航，电

子计算机控制。有56个独立的工作系统，载着阿姆斯特朗、奥尔德林和科林斯三个宇航员，飞行了三天之后进入绕月球飞行的轨道。科林斯继续绕月飞行，其他两名飞行员则乘登月舱下到了月球表面。这种登月方法，是美国航天局的高级技术员霍博尔特想出来的。当这只登月舱再次从月球上升起并与指挥舱对接时，情况颇有点紧张。但是从起飞到195小时后在太平洋溅落，一切都很顺利。从技术上说，到月球旅行的成功是人类最辉煌的成就，虽然它并没有揭示多少科学家们所不知道的关于月球的情况。

在阿波罗登月计划后期，许多人认为继续登月是一种浪费，美国决定把所余"土星-V"的第三级改制成空间站，取名"天空实验室"，用火箭把它送入地球轨道，再用阿波罗飞船作交通工具。

1973年5月14日，"天空实验室-1"发射成功，它总长36米，最大直径6.5米，总重82吨，先后接待过三批宇航员，进行了270多项科研试验。

空间站既是多学科综合实验室，又是载人的多用途人造卫星，在拥有有效的空间运输系统以后，轨道空间站将是今后空间科学技术的重要发展方向。

有翅膀的机器——水翼艇

在江河湖海上有很多船，您见过带"翅膀"的船吗？这种带"翅膀"的船就是水翼艇，它航行时，船身离开水面，像在水面上飞驶一样，显得十分矫健。

水翼艇是怎样发明的呢？

原来，这是人们为了提高船艇的速度而采取的一种新的设计。船在水中行，水的密度大，船的阻力就大，前进速度就快不了。于是人们想到设计一种让船体部分或全部离开水面的船。但怎样才能做到这一点呢？造船的工程师们从小孩在河边"打水漂"中得到了启示。

小孩子"打水漂"就是用很薄的石片或是碎瓦片，按接近与水面平行的角度，将石片用力投出去，使它擦着水面跳跃前进。如果石片薄，表面很光滑，角度好，用力大，石片就可以在水面上飘行几丈远。这一游戏说明了这样一个物理现象：有一定表面的物体，以一定的迎水角度和速度沿水面运动时，水就会产生一个支承物体的力，我们称它为水动力。"打水漂"时的石片就是依靠水动力支持而飘行的。

根据这一道理，造船工程师们设计了一种船型：当这种船高速前进时，就像石片在水面上飘行一样，并把这种船称作滑行艇。

滑行艇与一般的船不一样，它的底部比较平坦。当船前进时，由于艇底向前挤压水，从而使底部的水压力升高，形成水动力，水动力就把艇部分地托出水面。

滑行艇虽有利于高速行驶，但也带来一些问题，如滑行艇的耐波性能差，不能在较大的风浪中航行。若在波浪中高速航行，船底与波浪相撞，艇底会受到波浪的巨大冲击力，不仅使艇体产生强烈的震动，影响以至破坏仪器设备的正常工作，有时也会引起艇体的破裂。

能不能让艇体完全离开水面，使它跑得更快，而且不受波浪冲击呢？人们开始设想给船装上"翅膀"，使它像飞机一样飞起来。这样，水翼艇就在滑行艇的基础上产生了。

有关水翼艇的设想，早在1869年就有人提出过。第一艘水翼艇是意大利发明家弗拉尼尼建造的，并于1905年在瑞士的马奇奥湖进行了试验。这是一艘排水量只有1.65吨，75马力的水翼艇，试航时跑37节多。继弗拉尼尼之后，美国人贝尔又建造了由自己设计的水翼艇，并于1918年创造了每小时114千米的航行记录。但因为当时对水翼艇的理论研究工作不够，大马力的动力设备和轻的艇体材料没得到解决，所以水翼艇没有发展到实用阶段。

到了第二次世界大战时，随着科学技术的进步，德国制造了一些民用和军用的水翼艇，而且达到了一定水平。如VS-10水翼鱼雷艇，排水量为47.5吨，最高航速可达55节多。

第二次世界大战后，水翼艇的发展大致分为两个阶段：

20世纪50年代和60年代初，是水翼艇试制并投入批量生产阶段。这期间，水翼艇主要是作为内河高速客船，吨位由9吨发展到100吨，航速35节左右。

20世纪60年代以后，水翼艇的发展方向是面向海洋，面向军用。水翼艇的吨位已达320吨。如1966年美国建造了一艘"普朗维尤"号水翼反潜试验艇，长64.7米，宽12.3米，排水量为320吨，最大航速达62节，持续航速为50节。此艇是自控全浸式水翼，水翼能旋转上翻到甲板上。船体材料是铝合金，它是美国海军中最大的一艘水翼艇。

20世纪80年代以来，虽然水翼艇的吨位没有明显增长，但其航速已达40~60节。电子技术、自动控制技术的发展，耐腐蚀的轻型艇体材料的出现，以及大马力轻型动力设备——燃气轮机的诞生，都为水翼艇的发展开辟了广阔的前景。

#　第五章
天文地理中的发明与创造

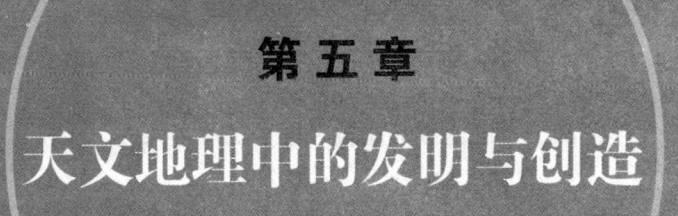

地震先知——地动仪

汉章帝在位期间，东汉的政治比较平稳。汉章帝死后，年仅10岁的汉和帝继承了皇位。

窦太后临朝执政，她的哥哥窦宪掌握了朝政大权，东汉王朝便开始走下坡路了。

这段时期里，出现了一位著名的科学家——张衡。

张衡是南阳人。17岁那年，他离开家乡，先后到了长安和洛阳，在太学里用功读书。朝廷听说张衡很有学问，便召他进京做官，先是在宫里做郎中，继而又担任了太史令，叫他负责观察天文。这个工作正好符合他的研究兴趣。

经过观察研究，他断定地球是圆的，月亮的光源是借太阳的照射而反射出来的。

他还认为天好像鸡蛋壳，包在地的外面；地好像鸡蛋黄，在天的中心。这种学说虽然不完全准确，但在1800多年以前，能得出这种科学结论，不能不使后来的天文学家感到钦佩。

张衡还用铜制作了一种测量天文的仪器，叫作"浑天仪"。上面刻着日月星辰等天文现象。

那个时期，地震发生频繁。有时候一年发生一两次。发生一次发地震，就波及好几十个郡，城墙、房屋倾斜倒坍，造成人畜伤亡。张衡记录了地震的现象，经过细心的考察和实验，发明了一个预测地震的一起，叫作"地动仪"。

地动仪是用青铜制造的，形状类似酒坛，四周刻铸了八条龙，龙头朝着八个方向；每条龙的嘴里含了一颗小铜球；龙头下面，蹲着一个铜制的蛤蟆，蛤蟆的嘴大张着，对准龙嘴。

哪个方向发生了地震，朝着那个方向的龙嘴就会自动张开来，把铜球吐进蛤蟆的嘴里，发出响亮的声音，发出地震的警报。

公元 138 年 2 月的一天，地动仪对准西方的龙嘴突然张开，吐出了铜球。按照张衡的设计原理，这就是报告西部发生了地震。

过了几天，有人骑着快马来向朝廷报告，离洛阳一千多里的金城、陇西一带发生了大地震，还出现了山体崩塌。

张衡 61 岁那年得病死去。他为我国的科学事业做出了巨大的贡献。

哥白尼的天体运行论

哥白尼 1473 年 2 月 19 日出生于波兰维斯杜拉河畔的托伦市的一个富裕家庭。

18 岁时就读于波兰旧都的克莱考大学，学习医学期间对天文学产生了兴趣。

1496 年，23 岁的哥白尼来到文艺复兴的策源地——意大利，在博洛尼亚大学和帕多瓦大学攻读法律、医学和神学，博洛尼亚大学的天文学家德·诺瓦拉（1454—1540）对哥白尼影响极大，在他那里学到了天文观测技术以及希腊的天文学理论。

在意大利期间，哥白尼就熟悉了希腊哲学家阿里斯塔克斯（前三世纪）的学说，确信地球和其他行星都围绕太阳运转这个日心说是正确的。

哥白尼大约在40岁时开始在朋友中散发一份简短的手稿，初步阐述了他自己有关日心说的看法。

哥白尼经过长年的观察和计算终于完成了他的伟大著作《天体运行论》。

他在《天体运行论》中观测计算所得数值的精确度是惊人的。例如，他得到恒星年的时间为365天6小时9分40秒，比现在的精确值约多30秒，误差只有百万分之一；他得到的月亮到地球的平均距离是地球半径的60.3倍，和现在的60.27倍相比，误差只有万分之五。

哥白尼的"日心说"发表之前，"地心说"在中世纪的欧洲一直居于统治地位。

自古以来，人类就对宇宙的结构不断地进行着思考，早在古希腊时代就有哲学家提出了地球在运动的主张，只是当时缺乏依据，因此没有得到人们的认可。

在古代欧洲，亚里士多德和托勒密主张"地心说"，认为地球是静止不动的，其他的星体都围着地球这一宇宙中心旋转。

这个学说的提出与基督教《圣经》中关于天堂、人间、地狱的说法刚好互相吻合，处于统治地位的教廷便竭力支持地心学说，把"地心说"和上帝创造世界融为一体，用来愚弄人们，维护自己的统治。

因而"地心说"学被教会奉为和《圣经》一样的经典，长期居于统治地位。

随着事物的不断发展，天文观测的精确度渐渐提高，人们逐渐发现了地心学说的破绽。

到文艺复兴运动时期，人们发现托勒密所提出的均轮和本轮的数目竟多达八十个左右，这显然是不合理、不科学的。

人们期待着能有一种科学的天体系统取代地心说。在这种历史背景下，哥白尼的地动学说应运而生了。

约在1515年前，哥白尼为阐述自己关于天体运动学说的基本思想撰写了一篇题为《浅说》的论文，他认为天体运动必须满足以下七点：不存在一个所有天体轨道或天体的共同的中心；地球只是引力中心和月球轨道的中心，并不是宇宙的中心；所有天体都绕太阳运转，宇宙的中心在太阳附近；地球到太阳的距离同天穹高度之比是微不足道的；在天空中看到的任何运动，都是地球运动引起的；在空中看到的太阳运动的一切现象，都不是它本身运动产生的，而是地球运动引起的，地球同时进行着几种运动；人们看到的行星向前和向后运动，是由于地球运动引起的。

地球的运动足以解释人们在空中见到的各种现象了。

此外，哥白尼还描述了太阳、月球、三颗外行星（土星、木星和火星）和两颗内行星（金星、水星）的视运动。

书中，哥白尼批判了托勒密的理论，科学地阐明了天体运行的现象，推翻了长期以来居于统治地位的地心说，并从根本上否定了基督教关于上帝创造一切的谬论，从而实现了天文学中的根本变革。

他正确地论述了地球绕其轴心运转、月亮绕地球运转、地球和其他所有行星都绕太阳运转的事实。但是他也和前人一样严重低估了太阳系的规模。

他认为星体运行的轨道是一系列的同心圆，这当然是错误的。

他的学说里的数学运算很复杂也很不准确。但是他的书立即引起了极大的关注，驱使其他一些天文学家对行星运动作更为准确的观察，其中最著名的是丹麦伟大的天文学家泰寿？勃莱荷，开普勒就是根据泰寿积累的观察资料，最终推导出了星体运行的正确规律。

这是一个前所未闻的开创新纪元的学说，对于千百年来学界奉为定论的托勒密地球中心说无疑是当头一棒。

虽然阿里斯塔克斯比哥白尼提出日心学说早1700多年，但是事实上哥白尼得到了这一盛誉。

阿里斯塔克斯只是凭借灵感做了一个猜想，并没有加以详细的讨论，因而他的学说在科学上毫无用处。

哥白尼逐个解决了猜想中的数学问题后，就把它变成了有用的科学学说——一种可以用来做预测的学说，通过对天体观察结果的检验并与地球是宇宙中心的旧学说的比较，你就会发现它的重大意义。

显然，哥白尼的学说是人类对宇宙认识的革命，它使人们的整个世界观都发生了重大变化。

但是在估价哥白尼的影响时，我们还应该注意到，天文学的应用范围不如物理学、化学和生物学那样广泛。

从理论上来讲，人们即使对哥白尼学说的知识和应用一窍不通，也会造出电视机、汽车和现代化学厂之类的东西。

但是不应用法拉第、麦克斯韦、拉瓦锡和牛顿的学说则是不可想象的。仅仅考虑哥白尼学说对技术的影响就会完全忽略它的真正意义。

哥白尼的书对伽利略和开普勒的工作是一个不可缺少的序幕，他俩又成了牛顿的主要前辈，是他们的发现才使牛顿有能力确定运动定律和万有引力定律。

哥白尼的日心宇宙体系既然是时代的产物，它就不能不受到时代的限制。

反对神学的不彻底性，同时表现在哥白尼的某些观点上，他的体系是存在缺陷的。

哥白尼所指的宇宙是局限在一个小的范围内的，具体来说，他的宇宙结构就是今天我们所熟知的太阳系，即以太阳为中心的天体系统。

宇宙既然有它的中心，就必须有它的边界，哥白尼虽然否定了托勒密的"九重天"，但他却保留了一层恒星天，尽管他回避了宇宙是否有限这个问题，但实际上他是相信恒星天球是宇宙的"外壳"，他仍然相信天体只能按照所谓完美的圆形轨道运动，所以哥白尼的宇宙体系，仍然包含着不动的中心天体。但是作为近代自然科学的奠基人，哥白尼的历史功绩是伟大的。

确认地球不是宇宙的中心，而是行星之一，从而掀起了一场天文学上根本性的革命，是人类探求客观真理道路上的里程碑。

哥白尼的伟大成就，不仅铺平了通向近代天文学的道路，而且开创了整个自然界科学向前迈进的新时代。

从哥白尼时代起，脱离教会束缚的自然科学和哲学开始获得飞跃的发展。

从历史的角度来看，《天体运行论》是当代天文学的起点——当然也是现代科学的起点。

能一窥远处美景的望远镜

伽利略在帕多瓦大学工作的 18 年间，最初把主要精力放在他一直感兴趣的力学研究方面，他发现了物理上重要的现象——物体运动的惯性。他做过有名的斜面实验，总结了物体下落的距离与所经过的时间之间的数量关系；他还研究了炮弹的运动，奠定了抛物线理论的基础；关于加速度这个概念，也是他第一个明确提出的；为了测量患者发烧时的体温，这位著名的物理学家还在 1593 年发明了第一支空气温度计……但是，一个偶然的事件，使伽利略改变了研究方向。他从力学和物理学的研究转向浩瀚无垠的茫茫太空了。

那是 1609 年 6 月，伽利略听到一个消息，说是荷兰有个眼镜商人利帕希在一偶然的发现中，用一种镜片看见了远处肉眼看不见的东西。"这难道不正是我需要的千里眼吗？"伽利略非常高兴。不久，伽利略的一个学生从巴黎来信，进一步证实这个消息的准确性，信中说尽管不知道利帕希是怎样做的，但是这个眼镜商人肯定是制造了一个镜管，用它可以使物体放大许多倍。

"镜管！"伽利略把来信翻来覆去看了好几遍，急忙跑进他的实验室。他找来纸和鹅管笔，开始画出一张又一张透镜成像的示意图。伽利略由镜管这个提示受到启发，看来镜管能够放大物体的秘密在于选择怎样的透镜，特别是凸透

镜和凹透镜如何搭配。他找来有关透镜的资料，不停地进行计算，忘记了暮色爬上窗户，也忘记了曙光是怎样射进房间。

整整一个通宵，伽利略终于明白，把凸透镜和凹透镜放在一个适当的距离，就像那个荷兰人看见的那样，遥远的肉眼看不见的物体经过放大也能看清了。

伽利略非常高兴。他顾不上休息，立即动手磨制镜片，这是一项很费时间又需要细心的活儿。他一连干了好几天，磨制出一对对凸透镜和凹透镜，然后又制作了一个精巧的可以滑动的双层金属管。现在，该试验一下他的发明了。

伽利略小心翼翼地把一片大一点的凸透镜安在管子的一端，另一端安上一片小一点的凹透镜，然后把管子对着窗外。当他从凹透镜的一端望去时，奇迹出现了，那远处的教堂仿佛近在眼前，可以清晰地看见钟楼上的十字架，甚至连一只在十字架上落脚的鸽子也看得非常逼真。

伽利略制成望远镜的消息马上传开了。"我制成望远镜的消息传到威尼斯，"在一封写给妹夫的信里，伽利略写道，"一星期之后，就命我把望远镜呈献给议长和议员们观看，他们感到非常惊奇。绅士和议员们，虽然年纪很大了，但都按次序登上威尼斯的最高钟楼，眺望远在港外的船只，看得都很清楚；如果没有我的望远镜，就是眺望两个小时，也看不见。这仪器的效用可使50英里以外的物体，看起来就像在5英里以内那样。"（1英里≈1.61千米）

伽利略发明的望远镜，经过不断改进，放大率提高到30倍以上，能把实物放大1000倍。现在，他犹如有了千里眼，可以窥探宇宙的秘密了。

这是天文学研究中具有划时代意义的一次革命，几千年来天文学家单靠肉眼观察日月星辰的时代结束了，代之而起的是光学望远镜，有了这种有力的武

器，近代天文学的大门被打开了。

现在，每当星光灿烂或是皓月当空的夜晚，伽利略便把他的望远镜瞄准深邃遥远的苍穹，不顾疲劳和寒冷，夜复一夜地观察着。

过去，人们一直以为月亮是个光滑的天体，像太阳一样自身发光。但是伽利略透过望远镜发现，月亮和我们生存的地球一样，有高峻的山脉，也有低凹的洼地（当时伽利略称它是"海"）。他还从月亮上亮的和暗的部分的移动，发现了月亮自身并不能发光，月亮的光是透过太阳得来的。

伽利略又把望远镜对准横贯天穹的银河，以前人们一直认为银河是地球上的水蒸气凝成的白雾，亚里士多德就是这样认为的。伽利略决定用望远镜检验这一说法是否正确。他用望远镜对准夜空中雾蒙蒙的光带，不禁大吃一惊，原来那根本不是云雾，而是千千万万颗星星聚集在一起。伽利略还观察了天空中的斑斑云彩——即通常所说的星团，发现星团也是很多星体聚集在一起，像猎户座星团、金牛座的星团、蜂巢星团都是如此。

伽利略的望远镜揭开了一个又一个宇宙的秘密，他发现了木星周围环绕着它运动的卫星，还计算了它们的运行周期。现在我们知道，木星共有 14 颗卫星，伽利略所发现的是其中最大的 4 颗。除此之外，伽利略还用望远镜观察到太阳的黑子，他通过黑子的移动现象推断，太阳也是在转动的。

一个又一个振奋人心的发现，促使伽利略动笔写一本最新的天文学发现的书，他要向全世界公布他的观测结果。1610 年 3 月，伽利略的著作《星际使者》在威尼斯出版，立即在欧洲引起轰动。

他是利用望远镜观测天体取得大量成果的第一位科学家。这些成果包括：

科学发明与创造

发现月球表面凹凸不平，木星有四个卫星（现称伽利略卫星），太阳黑子和太阳的自转，金星、木星的盈亏现象以及银河由无数恒星组成等。他用实验证实了哥白尼的"地动说"，彻底否定了统治千余年的亚里士多德和托勒密的"天动说"。

托勒密的地心说

公元127年，年轻的托勒密被送到亚历山大去求学。在那里，他阅读了不少书籍，并且学会了天文测量和大地测量。他曾长期住在亚历山大城，直到公元151年。有关他的生平，史书上少有记载。

在古老的宇宙观中，人们把天看成是一个盖子，地是一块平板，平板就由柱子支撑着。

在公元前四到公元前三世纪，对于天体的运动。希腊人有两种不同的看法：一种以欧多克斯为代表，他从几何的角度解释天体的运动，把天上复杂的周期现象，分解为若干个简单的周期运动；他又给每一种简单的周期运动指定一个圆周轨道，或者是一个球形的壳层，他认为天体都在以地球为中心的圆周上做匀速圆周运动，并且用27个球层来解释天体的运动。到了亚里士多德时，又将球层增加到56个。另一种以阿利斯塔克为代表，他认

为地球每天在自己的轴上自转,每年沿圆周轨道绕日一周,太阳和恒星都是不动的,而行星则以太阳为中心沿圆周运动。但阿利斯塔克的见解当时没有人表示理解或接受,因为这与人们肉眼看到的表观景象不同。

　　托勒密于公元2世纪,提出了自己的宇宙结构学说,即"地心说"。其实,地心说是亚里士多德的首创,他认为宇宙的运动是由上帝推动的。他说,宇宙是一个有限的球体,分为天地两层,地球位于宇宙中心,所以日月围绕地球运行,物体总是落向地面。地球之外有9个等距天层,由里到外的排列次序是:月球天、水星天、金星天、太阳天、火星天、木星天、土星天、恒星天和原动力天,此外空无一物。各个天层自己不会动,上帝推动了恒星天层,恒星天层才带动了所有的天层运动。人居住的地球,静静地屹立在宇宙的中心。托勒密全面继承了亚里士多德的地心说,并利用前人积累和他自己长期观测得到的数据,写成了8卷本的《伟大论》。在书中,他把亚里士多德的9层天扩大为11层,把原动力天改为晶莹天,又往外添加了最高天和净火天。托勒密设想,各行星都绕着一个较小的圆周上运动,而每个圆的圆心则在以地球为中心的圆周上运动。他把绕地球的那个圆叫"均轮",每个小圆叫"本轮"。同时假设地球并不恰好在均轮的中心,而偏开一定的距离,均轮是一些偏心圆;日月行星除作上述轨道运行外,还与众恒星一起,每天绕地球转动一周。托勒密这个不反映宇宙实际结构的数学图景,却较为完满地解释了当时观测到的行星运动情况,并取得了航海上的实用价值,从而被人们广为信奉。

天体模型的特点

　　托勒密的天体模型之所以能够流行千年,是有它的优点和历史原因的。它的主要特点是:

　　(1)绕着某一中心的匀角速运动,符合当时占主导思想的柏拉图的假设,也适合于亚里士多德的物理学,易于被接受。

　　(2)用几种圆周轨道不同的组合预言了行星的运动位置,与实际相差很小,相比以前的体系有所改进,还能解释行星的亮度变化。

(3) 地球不动的说法，对当时人们的生活是令人安慰的假设，也符合基督教信仰。

在当时的历史条件下，托勒密提出的行星体系学说，是具有进步意义的。首先，它肯定了大地是一个悬空着的没有支柱的球体。其次，从恒星天体上区分出行星和日月是离我们较近的一群天体，这是把太阳系从众星中识别出来的关键性一步。

托勒密本人声称他的体系并不具有物理的真实性，而只是一个计算天体位置的数学方案。至于教会利用和维护地心说，那是托勒密死后一千多年的事情了。教会之所以维护地心说，只是想歪曲它以证明教义中描绘的天堂、人间、地狱的图像，如果编纂教义时流行着别的什么学说，说不定教会也会加以利用的。所以，托勒密的宇宙学说同宗教本来并没有什么必然的联系。

僧一行和他的《大衍历》

僧一行俗名张遂，生于唐高宗永淳二年（公元683年），今河南省南乐县人。他是唐代著名高僧，唐开国元勋张公瑾的孙子，也是杰出的天文学家。

一行从小就博览群书，对于历象、阴阳五行尤其感兴趣，并已有相当深的造诣。那时京城长安玄都观藏书丰富，观中的主持道长尹崇，精通玄学，是当时闻名远近的大学问家，一行就去向尹崇求教，还向尹崇借了汉代杨雄的玄学名著《太玄经》，不几天还书时尹崇很不高兴，就严肃地对他说："这本书道理深奥，我虽已读了几遍，论时间也有几年，还没有完全弄通弄懂，你还是拿回去再仔细读读吧！"一行十分郑重地回答说："这本书我的确已经读完了。"然后，取出自己读此书写出的心得体会《大衍玄图》《义诀》等递交给尹崇，尹崇看后赞叹不已，于是经常向别人介绍一行，赞扬他是博学多识的"神童"，称他后生可畏。自此，一行博学聪敏的名声就传开了。

唐时，从唐高宗时就采用《麟德历》，到一行时，已用 50 多年。开元九年（公元 721 年），根据《麟德历》推算，九月巳日应发生日食，但观测结果却有较大的误差。于是唐玄宗下令改历，并把这项任务交给了一行。一行继承了我国天文学家实事求是的优良传统，主张要在实测日、月、五星的基础上，编制新历。他说："今欲创历立之，须知黄道进退，请更令太史测候。"为了使实测能得到精确数据，一行和机械制造专家梁令瓒合作创制了黄道游仪、水运浑天仪等大型天文观测仪，仪器为修订历法准备了物资技术条件。一行还主持了一次大规模的实测活动，为制订历法做准备工作。这次测量的地点多达 13 处，遍布全国，以黄河南北平原地区为中心，北到北纬 51°左右的铁勒（今蒙古境内）。南到北纬 17°的林邑（今越南境内），遍及今天的常德、襄樊、太原等地。测量的内容，包括当地的春分、秋分、夏至、冬至的正午时分，八尺表杆的日影长度，北极高度，昼夜长短以及见到同一次日食的食分和时刻等。为了测量北极高度，一行还专门设计制作了"覆矩"，这件工具，在这次天文大测量中起了很重要的作用。

一行还派太史监南宫说基本上按照隋朝刘焯的设计方案，在黄河南北平原选定四个地点进行实地测量。这四个地点是：今天河南的滑县、开封、扶沟、上蔡。通过实测，推翻了过去一直沿用的"日影千里差一寸"的谬论。南宫说还亲自到了阳城用周公测景台进行实测，并把周公测景台换为石圭石表。一行根据他测量的结果，经过精确地计算，得出了"大率五百二十六里二百七十步而北极差一度半，三百五十一里八十步，而差一度"的结果。如果将一行算出的结果换算成现代的表示方法，就是一度为 132.03 千米。这实际上是世界上一次实测子午线长度的活动，英国著名的科学家李约瑟一再称："这是科学史上划时代的创举。"

在完成大规模实地测量工作之后，一行使用先进的天文仪器仔细观察日月星辰运行情况，取得了大量可靠的数据，并认真研究了前人的学术成果后。于公元725年，一行开始正式制订新的历法——《大衍历》，但因积劳成疾，只完成初稿就死去了。最后完成任务的是张说和陈玄景等。《大衍历》是当时最优秀的历法，于公元729年颁布执行。公元733年，《大衍历》传入日本，在日本又使用了将近一百年。

开普勒的三大定律

开普勒定律的内容

开普勒定律统称"开普勒三定律"，也叫"行星运动定律"，是指行星在宇宙空间绕太阳公转所遵循的定律。由于是德国天文学家开普勒根据丹麦天文学家第谷·布拉赫等人的观测资料和星表，通过他本人的观测和分析后，于1609—1619年先后归纳提出的，故行星运动定律即指开普勒三定律。

开普勒在1609年发表了关于行星运动的两条定律——

开普勒第一定律（轨道定律）：所有行星绕太阳运动的轨道都是椭圆，太阳处在椭圆的一个焦点上。

开普勒第二定律（面积定律）：对于任何一个行星来说，它与太阳的连线在相等的时间扫过相等的面积。

用公式表示为：SAB＝SCD＝SEK。

简短证明：以太阳为转动轴，由于引力的切向分力为0，所以对行星的力矩为0，所以行星角动量为一恒值，而角动量又等于行星质量乘以速度和与太阳的距离，即 $L=mvr$，其中 m 也是常数，故 vr 就是一个不变的量，而在一段时间 Δt 内，r 扫过的面积又大约等于 $vr\Delta t/2$，即只与时间有关，这就说明了开普勒第二定律。

1609 年，这两条定律发表在他出版的《新天文学》上。

1619 年，开普勒又发现了第三条定律——

开普勒第三定律（周期定律）：所有的行星的轨道的半长轴的三次方跟公转周期的二次方的比值都相等。

用公式表示为：$(R^3)/(T^2)=k$。

其中，R 是行星公转轨道半长轴，T 是行星公转周期，$k=GM/(4\pi^2)=$ 常数（M 为中心天体质量）。

1619 年，他出版了《宇宙的和谐》一书，介绍了第三定律，他写道：

"认识到这一真理，这是超出我的最美好的期望的。大局已定，这本书是写出来了，可能当代有人阅读，也可能是供后人阅读的，它很可能要等一个世纪才有信奉者一样，这一点我不管了。"

开普勒定律的意义

首先，开普勒定律在科学思想上表现出无比勇敢的创造精神。远在哥白尼创立日心宇宙体系之前，许多学者对于天动地静的观念就提出过不同见解。但对天体遵循完美的均匀圆周运动这一观念，从未有人敢怀疑。开普勒却毅然否定了它。这是个非常大胆的创见。哥白尼知道几个圆合并起来就可以产生椭圆，但他从来没有用椭圆来描述过天体的轨道。正如开普勒所说，"哥白尼没有觉察

到他伸手可得的财富"。

其次，开普勒定律彻底摧毁了托勒密的本轮系，把哥白尼体系从本轮的桎梏下解放出来，为它带来充分的完整和严谨。哥白尼抛弃古希腊人的一个先入之见，即天与地的本质差别，获得一个简单得多的体系。但它仍须用80多个圆周来解释天体的表观运动。开普勒却找到最简单的世界体系，只用7个椭圆说就全部解决了。从此，不需再借助任何本轮和偏心圆就能简单而精确地推算行星的运动。

第三，开普勒定律使人们对行星运动的认识得到明晰的概念。它证明行星世界是一个匀称的（即开普勒所说的"和谐"）系统。这个系统的中心天体是太阳，受来自太阳的某种统一力量所支配。太阳位于每个行星轨道的焦点之一。行星公转周期决定于各个行星与太阳的距离，与质量无关。而在哥白尼体系中，太阳虽然居于宇宙"中心"，却并不扮演这个角色，因为没有一个行星的轨道中心是同太阳相重合的。

由于利用前人进行的科学实验和记录下来的数据而作出科学发现，在科学史上是不少的。但像行星运动定律的发现那样，从第谷的20余年辛勤观测到开普勒长期的精心推算，道路如此艰难，成果如此辉煌的科学合作，则是罕见的。这一切都是在没有望远镜的条件下得到的！

影　响

后来，牛顿利用他的第二定律和万有引力定律，在数学上严格地证明开普勒定律，也让人们了解当中的物理意义。事实上，开普勒定律只适用于二体问题，但是太阳系主要的质量集中于太阳，来自太阳的引力比行星之间的引力要大得多，因此行星轨道问题近似于二体问题。

开普勒发现的行星运动定律改变了整个天文学，彻底摧毁了托勒密复杂的宇宙体系，完善并简化了哥白尼的日心说。

历法的发明

人类在以采集和渔猎为生的旧石器时代，已经对寒来暑往的变化、月亮的圆缺、动物活动的规律、植物生长和成熟的时间，逐渐有了一定的认识。

新石器时代，社会经济逐渐进入以农、牧生产为主的阶段，人们更加需要掌握季节，以便不误农时。古代的天文历法知识就是在生产实践的迫切需要中产生出来的。

在中国，相传黄帝时已有了历法。不过，根据考古资料的印证，应当是帝尧时有了历法。《尚书·尧典》中说，帝尧曾组织了一批天文官到东、南、西、北四个地方去观测天象，以编制历法，向人们预报季节。其中的羲仲，被派到东方嵎夷旸谷的地方，观测仲春季节的星象，祭祀日出。

古埃及大约在公元前2780年，创造了一年365天的回归历或太阳历。他们还经过50年的研究，制定了基于尼罗河泛滥的历法。尼罗河经常泛滥，它的泛滥对埃及的庄稼和人民的生活都至关重要。埃及人把一年分为12等分，余下5天作为节日。

从公元前747年起，巴比伦天文学家已开始从一个固定的时间点计算一年内的时间。古希腊的塞琉西王朝（从约公元前280年起）也是从一个固定点记录时间的。

在美洲，玛雅人（600—800年）和阿兹台克人（1300—1500年）把宗教与历法结合得极其紧密。特别是玛雅人，他们很懂得天文学。他们把一年算作365天，一年由18个单位组成，一个单位为20天，另外还有5天，是"不吉利的日子"。

由于真正的太阳年实际上是365天5小时48分46秒，到罗马时代，正好365天的阳历就需要修改了。公元前46年，恺撒听取了索西格内斯的意见，改革了历法。按改革后的历法，每隔4年有一个闰年，增加一天。一年的12个月份为大月和小月，大月31天，小月30天。在不是闰年的时候，2月只有29天。

然而，罗马人的改革也没有使历法变得完全准确。到1582年，按当时的年历，春分应在3月11日，而实际上应当在3月21日。由于对教会来说，准确地确定全世界的万圣节和宗教节具有重大意义，于是教皇格雷果里十三世便再次改革了历法，使1582年的10月4日变成了10月15日。为了避免发生错误，改革后的历法是每个世纪内有24个闰年而不是25个闰年。

许多信新教的国家都逐渐改用了格雷果里历。英国在1752年采用了这一历法，由于要在英国的旧历法上加上11天才能跟新历法一致，于是发生了历史上著名的人们要求归还11天的骚乱。其他国家接受这一新历法的时间有先有后，如俄国在1917年十月革命之后才改革历法，而泰国直到1940年才开始采用格雷果里历。

第六章
生物医学中的发明与创造

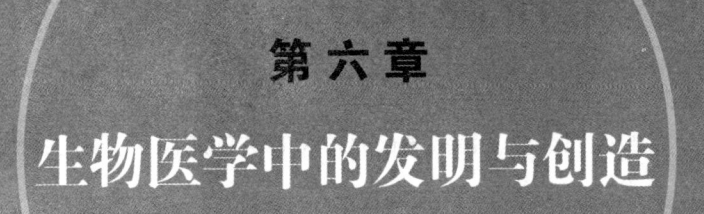

小小医生体温表

对于今天的人们来说,体温表已是非常普通的东西了,不仅医院广泛使用,而且也是许多家庭的必备之物。

由于体温表能准确测出人体的温度,因而是医生看病的得力助手。然而在300多年前,医生们曾因为无法测量患者的体温而大伤脑筋。

为了解决这一问题,人们找到了伟大的物理学家伽利略,请他帮助发明一种能准确地测出体温的仪器。

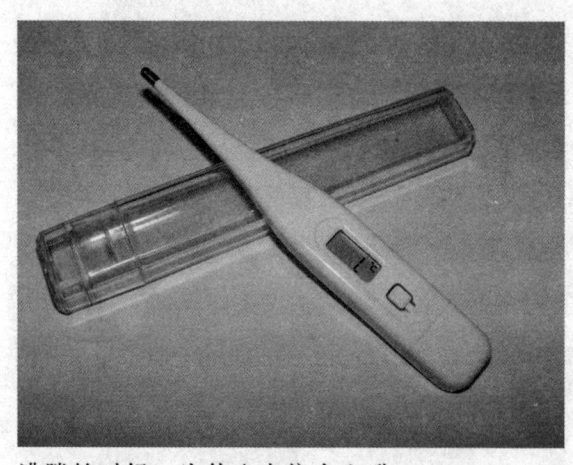

当时伽利略正在威尼斯的一所大学任教,对医生们的这一要求,他以其科学探索的特有勇气承担了下来,但一时又难以找到正确的解决办法,他苦苦思索着、探求着……

一天,伽利略给学生上实验课,他提问到:

"当水的温度升高,特别是沸腾的时候,为什么水位会上升?"

有个学生立即回答说:

"因为水达到沸点时,体积增大,水就膨胀上升;水冷却,体积缩小,就会降下来。"

听到学生的正确回答,伽利略不由眼前一亮,他立即想到了测量体温的方法问题。

他想：水的温度发生变化，体积也随着发生变化。反过来，从水的体积的变化，不是也可以测出温度的变化吗？

有了发明温度表的理论依据，伽利略立即跑到实验室，根据热胀冷缩的原理，做起实验来了。但是，一次次的实验都失败了，伽利略又陷入了困境。

这一天，伽利略又在实验室做实验。他用手握住试管底部，使管内的空气渐渐变热，然后把试管上端倒插入水中，松开握着试管的手。

这时，他发现，试管里的水被慢慢地吸上去一截；而当他再握住试管的时候，水又渐渐降下去一点。这表明，从水的上升与下降，可以反映出试管内温度的变化。

伽利略根据这次实验，经过多次改进，终于在1593年制出了一个温度表。

其做法是：把一根很细的试管装上一些水，排出管内的空气，再把试管封住，并在试管上刻上刻度，以便从水上升的刻度上知道人的体温。这样，世界上第一个温度表就诞生了。

但这种温度表有个缺点，即到了寒冷的冬天，试管会由于水结冰体积膨胀而被撑破。这样，这种温度表作为医用有很大的局限性。

1654年，伽利略的学生斐迪南发现了酒精不怕寒冷的特性，进一步改进了最初的温度表，用酒精代替水，解决了冬天温度表不能使用的问题。

1657年，意大利人阿克得米亚发现水银是在常温下唯一呈液态的银白色金属，零下38.89摄氏度凝固，其特异的物化性能优于酒精，他又用水银代替了酒精，使体温表的制造技术又提高一大步。

1867年，英国医生奥尔巴特又改进了体温表的笨重形态，研制出更为精巧的体温表，使用起来更方便了。

琴纳与牛痘疫苗

200百多年前,天花作为一种传染病,曾严重威胁着人类的生命。

在欧洲,当时由于天花蔓延,人口大量死亡,就连荷兰国王威廉二世、奥地利皇帝约瑟、法国国王路易十五以及俄国皇帝彼得二世等知名人物都没能幸免。如何找到防治天花的办法,成为当时世界各国的一大难题。

早在16世纪以前,中国就有"一旦得过天花的人就永不得同样病症"的认识。因此,有在幼年时故意使人得天花的做法。这就是,有意识地把天花的脓汁放在孩子的鼻子里去,使他感染天花,从而不再生这种病。这种做法俗称"种花"。这种预防接种的方法18世纪经波斯、土耳其,传到了英国。

可是这种方法是很危险的,不少人因此而丧生。

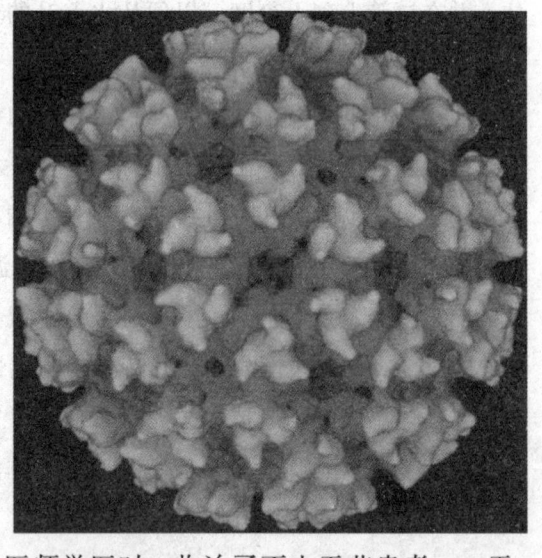

1766年,英国人琴纳跟随一个医师学医时,收治了不少天花患者。一天,一位农场挤牛奶的女工前来看病,听到医生们在议论寻找防治天花的办法,就接上来说:"前些日子天花作乱,但我们农场挤奶女工却没一个得病。有人说,这是我们常接触奶牛,手上常长牛痘,才免去了灾祸。"琴纳听了若有所悟,但另一位医生却说:"这跟防治天花有什么关系,难道让全世界的人都去挤牛奶?"琴纳觉得也有道理,就没有再想这件事。

10年之后，当琴纳成了正式医生，并苦苦探索防治天花的办法时，他偶然想起了挤奶女工的话。于是他专门赶到农场，对挤奶女工进行调查。结果了解到，这些挤奶女工都感染过牛痘，但都没患过天花。因为这些女工在挤牛奶时，无意间都接触过患天花的奶牛的脓浆，使她们的手上长出了小脓疱，身体也略感不适，但很快脓疱就消失了，身体也恢复了正常。

琴纳从调查研究中认识到，牛痘和天花十分相似，人体中产生的抗牛痘能力也能够预防天花。根据这一推断，琴纳先在动物身上做了试验，取得了预期效果。接着，他又决定在自己的儿子身上做试验。结果，儿子接种牛痘后感染的程度很轻，很快就好了。为了证实种牛痘之后不会染上天花，琴纳又把大量的天花脓液接种到儿子身上，儿子不仅没染上天花，连稍为不适的现象也没出现。琴纳终于成功了。

琴纳发明的种牛痘法，在当时受到了强烈的反对。但实践反复证明这一方法是有效的，缺乏根据的反对难以成立，终于受到了全世界的欢迎。

为奖励琴纳对人类做出的伟大贡献，1802年英国政府奖给他1万英镑的重金。1806年又奖给他2万英镑。俄国皇帝还赠送给琴纳一个昂贵的宝石戒指，作为永久的纪念。

透过显微镜看微小世界

最早的显微镜是由一个叫詹森的眼镜制造匠人于1590年前后发明的。这个显微镜是用一个凹镜和一个凸镜做成的，制作水平还很低。

詹森虽然是发明显微镜的第一人，却并没有发现显微镜的真正价值。也许正是因为这个原因，詹森的发明并没有引起世人的重视。

事隔90多年后，显微镜又被荷兰人列文虎克研究成功了，并且开始真正地

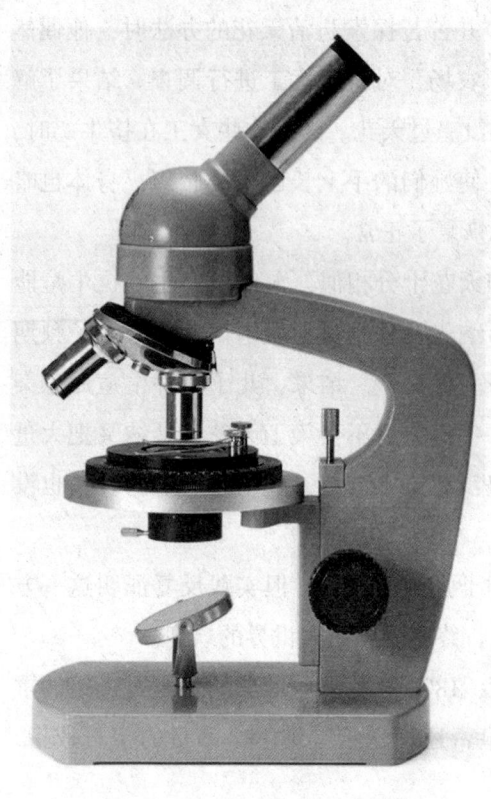

用于科学研究试验。关于列文虎克发明显微镜的过程，也是充满偶然性的。

列文虎克于1632年出生于荷兰的德尔夫特市，从没接受过正规的科学训练，但他是一个对新奇事物充满强烈兴趣的人。

一次，列文虎克从朋友那里听说荷兰最大的城市阿姆斯特丹的眼镜店可以磨制放大镜，用放大镜可以把肉眼看不清的东西看得很清楚。他对这个神奇的放大镜充满了好奇心，但又因为价格太高而买不起。从此，他经常出入眼镜店，认真观察磨制镜片的工作，暗暗地学习着磨制镜片的技术。

功夫不负苦心人。1665年，列文虎克终于制成了一块直径只有0.3厘米的小透镜，并做了一个架，把这块小透镜镶在架上，又在透镜下边装了一块铜板，上面钻了一个小孔，使光线从这里射进而反射出所观察的东西。这样，列文虎克的第一台显微镜制作成功了。

由于他有着磨制高倍镜片的精湛技术，他制成的显微镜的放大倍数，超过了当时世界上已有的任何显微镜。

列文虎克并没有就此止步，他继续下功夫改进显微镜，进一步提高其性能，以便更好地去观察了解神秘的微观世界。为此，他辞退了工作，专心致志地研制显微镜。几年后，他终于制出了能把物体放大300倍的显微镜。

1675年的一个雨天，列文虎克从院子里舀了一杯雨水用显微镜观察。他发现水滴中有许多奇形怪状的小生物在蠕动，而且数量惊人。在一滴雨水中，这些小生物要比当时全荷兰的人数还多出许多倍。以后，列文虎克又用显微镜发现了红细胞和酵母菌。这样，他就成为世界上第一个微生物世界的发现者，被吸收为英国皇家学会的会员。

显微镜的发明和列文虎克的研究工作，为生物学的发展奠定了基础。他利用显微镜发现，各种传染病都是由特定的细菌引起的。这就导致了抵抗疾病的健康检查、种痘和药物研制的成功。

据说，列文虎克是一个对自己的发明守口如瓶、严守秘密的人。直到现在，显微镜学家们还弄不明白他是怎样用那种原始的工具获得那么好的效果的。

孟德尔与遗传定律

1843年大学毕业以后，年方21岁的孟德尔进了布隆城奥古斯汀修道院，并在当地教会办的一所中学教书，教的是自然科学。

由于他能专心备课，认真教课，所以很受学生的欢迎。后来，他又到维也纳大学深造，受到相当系统和严格的科学教育和训练，这些为他后来从事植物杂交的科学研究奠定了坚实的理论基础。

1856年，从维也纳大学回到布鲁恩不久，孟德尔就开始了长达8年的豌豆实验。

孟德尔首先从许多种子商那里，弄来了34个品种的豌豆，从中挑选出22个品种用于实验。它们都具有某种可以相互区分的稳定性状，例如高茎或矮茎、圆粒或皱粒、灰色种皮或白色种皮等。

孟德尔通过人工培植这些豌豆，对不同代的豌豆的性状和数目进行细致入微的观察、计数和分析。

运用这样的实验方法需要极大的耐心和严谨的态度。他酷爱自己的研究工作，经常向前来参观的客人指着豌豆十分自豪地说："这些都是我的儿女！"

经过长达8个寒暑的辛勤劳作，孟德尔发现了生物遗传的基本规律，并得到了相应的数学关系式。

人们分别称他的发现为"孟德尔第一定律"和"孟德尔第二定律"，它们揭示了生物遗传奥秘的基本规律。

孟德尔开始进行豌豆实验时，达尔文进化论刚刚问世。他仔细研读了达尔文的著作，从中吸收丰富的营养。

保存至今的孟德尔遗物之中，就有好几本达尔文的著作，上面还留着孟德尔的手批，足见他对达尔文及其著作的关注。

起初，孟德尔豌豆实验并不是有意为探索遗传规律而进行的。他的初衷是希望获得优良品种，只是在试验的过程中，逐步把重点转到了探索遗传规律上。

除了豌豆以外，孟德尔还对其他植物做了大量的类似研究，其中包括玉米、紫罗兰和紫茉莉等，以期证明他发现的遗传规律对大多数植物都是适用的。

从生物的整体形式和行为中很难观察并发现遗传规律，而从个别性状中却容易观察，这也是科学界长期困惑的原因。孟德尔不仅考察生物的整体，更着眼于生物的个别性状，这是他与前辈生物学家的重要区别之一。

孟德尔选择的实验材料也是非常科学的。因为豌豆属于具有稳定品种的自花授粉植物，容易栽种，容易逐一分离计数，这对于他发现遗传规律提供了有利的条件。

孟德尔清楚自己的发现所具有的划时代意义，但他还是慎重地重复实验了多年，以期更加臻于完善。

1865年，孟德尔在布鲁恩科学协会的会议厅，将自己的研究成果分两次宣读。第一次，与会者礼貌而兴致勃勃地听着报告，孟德尔只简单地介绍了试验的目的、方法和过程，为时一小时的报告就使听众如坠入云雾中。

第二次，孟德尔着重根据实验数据进行了深入的理论证明。可是，伟大的孟德尔的思维和实验太超前了，尽管与会者绝大多数是布鲁恩自然科学协会的会员，其中既有化学家、地质学家和生物学家，也有生物学专业的植物学家、藻类学家。

然而，听众对连篇累牍的数字和繁复枯燥的论证毫无兴趣。他们实在跟不上孟德尔的思维。孟德尔用心血浇灌的豌豆所告诉他的秘密，时人不能与之共

识，一直被埋没了35年之久！

豌豆的杂交实验从1856年至1864年共进行了8年。孟德尔将其研究的结果整理成论文发表，但未引起任何反响。其原因有三个：

第一，在孟德尔论文发表前7年（1859年），达尔文的名著《物种起源》出版了。这部著作引起了科学界的兴趣，几乎全部的生物学家转向生物进化的讨论。这一点也许对孟德尔论文的命运起了决定性的作用。

第二，当时的科学界缺乏理解孟德尔定律的思想基础。首先那个时代的科学思想还没有包含孟德尔论文所提出的命题：遗传的不是一个个体的全貌，而是一个个性状。其次，孟德尔论文的表达方式是全新的，他把生物学和统计学、数学结合了起来，使得同时代的博物学家很难理解论文的真正含义。

第三，有的权威出于偏见或不理解，把孟德尔的研究视为一般的杂交实验，和别人做的没有多大差别。

孟德尔晚年曾经充满信心地对他的好友，布鲁恩高等技术学院大地测量学教授尼耶塞尔说："看吧，我的时代来到了。"这句话成为伟大的预言。直到孟德尔逝世16年后，即豌豆实验论文正式出版后34年，他从事豌豆试验后43年，预言才变成现实。

随着20世纪雄鸡的第一声啼鸣，来自三个国家的三位学者同时独立地"重新发现"孟德尔遗传定律。

1900年，成为遗传学史乃至生物科学史上划时代的一年。从此，遗传学进入了孟德尔时代。

今天，通过摩尔根、艾弗里、赫尔希和沃森等数代科学家的研究，已经使生物遗传机制——这个使孟德尔魂牵梦绕的问题建立在遗传物质DNA的基础之上。

随着科学家破译了遗传密码，人们对遗传机制有了更深刻的认识。现在，人们已经开始向控制遗传机制、防治遗传疾病、合成生命等更大的造福于人类的工作方向前进。然而，所有这一切都与圣托马斯修道院那个献身于科学的修道士的名字相连。

免疫疗法在医学界的应用

用人工方法使人体产生自动免疫能力来预防传染病的方法，古已有之。

18世纪末在欧洲，用科学的方法制造痘苗，成为最早利用自动免疫作用进行预防疾病的方法。19世纪80年代巴斯德建立起自动免疫的原理并制造了狂犬病疫苗。

19世纪末德国的科赫等曾为取得预防结核疫苗而努力，但未获成功。20世纪初英国医生、病理学家赖特研制的伤寒疫苗，可以增加白细胞吞噬细菌的能力，在预防军队士兵的肠热病感染上起了良好的作用。差不多同时，霍乱疫苗也开始使用。

20世纪20年代后期，使用白喉和破伤风的类毒素作为预防疫苗，获得成功。30年代在欧美的一些大城市的学生和婴儿中广泛注射白喉疫苗，根除了白喉的发病。第二次世界大战中在士兵中普遍注射破伤风的主动免疫疫苗，获得良好结果。

卡介苗的研制成功经过了漫长的实验过程。从1906年开始，法国巴斯德研究所的医生兼细菌学家卡尔麦特和介兰开始实验。两年之后，偶然发现牛胆汁可以减弱结核杆菌的毒性。他们连续做了231次减弱毒性的培养，每次间隔三个星期，共花了13年的时间，到1921年才得到一种无害而有效的稳定疫苗，命名为卡介苗（取卡尔麦特和介兰的第一个字母）。从 1921 年起，在人身上做实验，婴儿接受这种注射后对来自母亲的结核病的感染具有免疫力。于是卡介苗在法国很快就被推广使用。但在英、美等国对卡介苗的安全性和有效性一直持怀疑态度，特别是由于产品质量出过问题，更难消除怀疑。

直到 20 世纪 50 年代，经过在上千人身上注射优质的卡介苗同另一组同等数目的未注射的人做对照实验，终于肯定了卡介苗是无毒而有效的抗结核病的免疫疫苗。

对病毒病的免疫法除了最早的种痘苗预防天花和后来的预防狂犬病疫苗外，长期没有成功的事例。但对病毒的认识，在 20 世纪取得很大进展。19 世纪末，经过德国化学家迈耶、俄国微生物学家伊万诺夫斯基和荷兰生物学家贝伊耶林克等对烟草花叶病的研究，发现了过滤性病毒。到 20 世纪 20 年代已发现植物、昆虫、鸟类和哺乳类都有过滤性病毒传染的疾病。

1935 年，美国化学家斯坦莱第一个取得烟草花叶病毒的结晶。20 世纪 40 年代借助电子显微镜的观察和化学分析，才认识到病毒是由核酸和构成外壳的蛋白质组成。但一切杀菌的化学药品和抗生素对多数病毒并没有疗效，于是把防治病毒的希望寄托于免疫治疗。

20 世纪研究防治较多的是预防脊髓灰质炎（小儿麻痹）的疫苗。由于患过该病的美国总统罗斯福的重视，美国政府给予大量资助，从 20 世纪 40 年代起研究工作迅速开展。1952 年底美国医生兼病毒学家索克研制出具有免疫效应的疫苗。经过在 150 万幼儿中做实验观察，于 1957 年才完全肯定了索克疫苗的安全性和有效性。

到 20 世纪 40 年代又制出了预防流行性感冒的疫苗，1957 年从亚洲发源并扩展的流感，就是由于使用了这种疫苗才防止了蔓延。20 世纪 70 年代以来，又成功地取得麻疹的预防疫苗，为征服病毒病带来了良好前景。

1979 年 10 月，联合国世界卫生组织向全世界宣布人类已消灭了天花。

这是大规模的、优质的痘苗生产同世界性的历时十年的国际合作相结合而创建的伟大业绩。

减少痛苦的麻醉剂

莫顿，美国牙科医生，世界上最早应用乙醚麻醉于外科手术的人。1819年8月9日生于马萨诸塞州查尔顿，1868年7月15日卒于纽约。

18世纪以前，由于没有麻醉剂，外科手术是一件非常可怕的事情。为了做手术，有的医生用绞勒的方法使患者暂时窒息；有的则用放血或压住颈部血管的方法使患者的大脑暂时缺血而昏迷；有的干脆用一根木棒猛击患者的头顶，使患者失去知觉……

这些野蛮的做法给患者带来了巨大的痛苦：有的在手术中突然惊醒，痛得大喊大叫；有的在手术后留下了脑震荡等后遗症；有的甚至因此而丧失生命。

19世纪初，英国化学家戴维发现笑气（一氧化二氮）对神经有兴奋作用，亦具有麻醉止痛作用。后来，美国牙科医生维尔斯用笑气做麻醉剂，成功地给不少患者做了拔牙手术。

可是，1844年的一天，维尔斯在美国波士顿城做拔牙公开表演时，由于笑气用量不足，手术没有成功，患者痛得大声呼叫，一群保守的人就此把维尔斯当作骗子，将他赶出了医院。

当时，维尔斯有个学生名叫莫顿。一个偶然的机会，莫顿听到化学教授杰克逊说，有一次在做化学实验时，他不慎吸入一大口氯气，为了解毒，他立即又吸了一口乙醚。不料，开始他感到浑身轻松，可不一会儿便失去了知觉。听了杰克逊的叙说，勤于思索的莫顿深感兴趣。他大胆设想，能否用乙醚来作为一种理想的麻醉剂呢？

于是，他便动手在动物身上试验，以后又在自己身上试验，结果证明乙醚的确是一种理想的麻醉剂。

1846年10月的一天，世界上第一次使用乙醚进行麻醉外科手术的公开表演成功了。从此，还是医学院二年级学生的莫顿出名了。乙醚麻醉剂亦逐渐成为全世界各家医院手术室里不可缺少的药品。

乙醚麻醉剂的发明是医学外科史上的一项重大成果。然而，当莫顿以乙醚麻醉剂发明者的身份向美国政府申请专利时，他的老师维尔斯和曾经启发他发明的化学教授杰克逊都起来与莫顿争夺专利权。后来，这场官司打到法院，但多年一直毫无结果。他们为此都被搞得狼狈不堪。最后，杰克逊为此得了精神病，维尔斯自杀身亡，莫顿则患脑出血而死去。

乙醚麻醉剂的发明造福了人类。可是，发明麻醉剂的3位科学家却因名利的争夺在科学史上演出了一场令人遗憾的悲剧。

了不起的器官移植手术

器官移植最早的创立者是法国出生的美国医生卡雷尔。1905年他到美国专门从事血管缝合术、器官移植和组织培养的研究。他曾在1913年讲过一句很有影响的话："任何人体器官都可以从人体上取下，培养起来，而且可以移植到另一个人体上。"20多年后，他又断言："人身上的任何器官，离开了机体，依然可以存活。"

1922年，前苏联眼科医生费拉托夫开始试验人眼角膜移植。1933年异体角膜移植成功，是器官移植最早的事例。他之所以能够成功，不仅因为他比前人在手术器具方面有所改进，而且因为他使用了"冷藏尸体眼球角膜"作为移植材料。这既解决了材料的来源问题,又因冷藏而除去了角膜的生物刺激因素,促进角膜混浊部分透明化。到1941年他和他的学生已经成功地做了3100多例手术。

第一例肾移植成功的事例,是1954年法国医生在一对孪生兄弟间进行的。而用非孪生关系的肾做移植,几乎都不成功。这是根据法国免疫学家多塞创立的组织相容性理论,必须在两个组织相同的人之间进行器官移植,才有可能获得成功的预言而进行的。

20世纪60年代用免疫压制剂处理患者,并选择有一定血缘关系或经鉴定可用人的肾脏做移植,成活率逐渐提高。前者活7年甚至10年以上,后者经追踪4年,仍有存活的患者。

目前,在有些国家中已建立了人体器官移植库,在世界范围内互相寻找相容的对象。心脏、肝脏的移植手术也于20世纪60年代末70年代初在人身上做实验,成活率不高,但个别患者在手术后13年还活着。

再造福音——假牙

假牙(义齿)的发明是医学史上的一件重要的事情,它为牙病患者带来了福音。

假牙的出现有悠久的历史。早在公元前700年,伊特拉斯坎人就用黄金来做假牙的桥托,用骨头或象牙雕成假牙,有时也采用从人嘴里取出的牙。

中世纪的牙科医生认为,齿龈中的虫使牙齿腐烂和疼痛。这种理

论使他们根本就不想使用任何假牙。伊丽莎白女王一世门牙脱落，因而面部肌肉向里凹陷。为了改变这种情况，她在大庭广众中出现时，便把细棉布塞在嘴里。

到 17 世纪末叶，有钱的人已能获得假牙，但要压迹还不行，因此用圆规来测量口腔。安的假牙用丝线系在邻近的自然牙上，而整套的下牙需要用手雕刻出来。当时宫廷里有人把假牙当装饰品：有的用银做假牙，有的用珍珠母做假牙，赫维勋爵于 1735 年甚至用意大利玛瑙来做假牙。

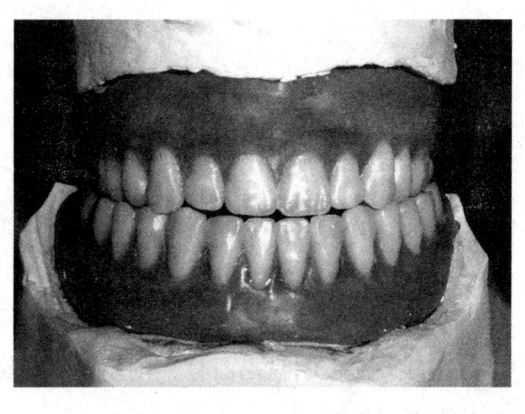

18 世纪初，法国巴黎的一位牙科医生对促进牙科医术的发展做出了重大贡献。他在固定假牙方面获得了成功：他用钢弹簧固定成套的上下牙。

假牙面临这样一个问题，就是用骨头或其他任何有机物质制作的假牙，都会为唾液所腐蚀。乔治·华盛顿就因为有牙病，而一直在寻找一副好的假牙。象牙制作的假牙，在用过一段时间之后便会产生一种令人不快的气味。

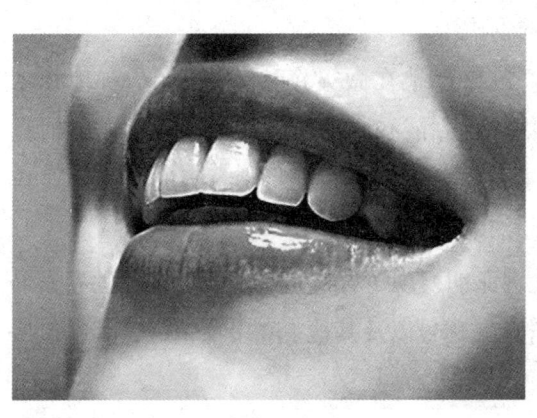

为了消除这种气味，华盛顿只好在夜里睡觉时把它放在葡萄酒里浸泡。

在法国革命之前，一个巴黎的牙科医生采用了连在一起烧制的全瓷牙。

大致从 1845 年起，人们已开始使用大大改进了的单颗瓷牙，这种牙可以一颗颗地安在牙床上。

在 19 世纪，牙科方面的大多数革新都来自美国。比如，美国人固异特发明了硬橡胶假牙。这是一种经硫化变得发硬的橡胶，它价钱便宜，易于加工。

牙齿根据口腔的压迹安在一个用硬橡胶仿制的牙床上。由于这样吻合得很好，上面一套假牙就可以自己固定了。此后，又出现了用赛璐珞制造的假牙，进一步提高了假牙的质量。

杀菌力强的青霉素

青霉素（也叫盘尼西林）的发明者亚历山大·弗莱明于1881年出生在苏格兰的洛克菲尔德。

亚历山大·弗莱明是位小个子苏格兰人，他有着一双炯炯有神的眼睛，衬衫领子上常常系着蝶形领结。

弗莱明从伦敦圣马利亚医院医科学校毕业后，从事免疫学研究；后来在第一次世界大战中作为一名军医，研究伤口感染。

他注意到许多防腐剂对人体细胞的伤害甚于对细菌的伤害，他认识到需要某种有害于细菌而无害于人体细胞的物质。

战后弗莱明返回圣马利亚医院。1922年他在做实验时，发现了一种他称之为溶菌霉的物质。溶菌霉产生在体内，是黏液和眼泪的一种成分，对人体细胞无害。它能够消灭某些细菌，但不幸的是在那些对人类特别有害的细菌面前却无能为力。因此这项发现虽然独特，却不十分重要。

1928年9月15日，亚历山大·弗莱明发现了青霉素，这使他在全世界赢得了25个名誉学位、15个城市的荣誉市民称号以及其他140多项荣誉，其中包括1945年诺贝尔医学奖。

每个小学生都读过弗莱明的传奇故事——他在皮氏培养皿中发现青霉素霉菌；攻克一道道技术难关；同众多持怀疑态度的人展开长期不懈的斗争，最终取得了胜利——青霉素的发明成为二十世纪医学界最伟大的创举。数十年后，严肃的历史学家们还在整理他的传奇故事。

的确，弗莱明发现了青霉素，但他并没有意识到他发现的是什么——对此他一无所知。是另外两位科学家——霍华德·弗洛里和厄恩斯特·钱恩，从这个已被人遗忘的发现中挽救了有治疗效果的霉菌，证明了青霉素的功效，并把这项技术奉献给人类，从此开创了抗生素时代。

弗莱明从一个穷苦农民的儿子成长为卓有学识的细菌学家，在伦敦圣玛丽医院从事细菌学研究几乎就是他事业的全部。

弗莱明两次在实验室里获得意外发现的故事已广为人知。

第一次是1922年，患了感冒的弗莱明无意中对着培养细菌的器皿打喷嚏；后来他注意到，在这个培养皿中，凡沾有喷嚏黏液的地方没有一个细菌生成。

随着进一步的研究，弗莱明发现了溶菌酶——在体液和身体组织中找到的一种可溶解细菌的物质，他以为这可能就是获得有效天然抗菌剂的关键。但很快他就丧失了兴趣：试验表明，这种溶菌酶只对无害的微生物起作用。

1928年运气之神再次降临。在弗莱明外出休假的两个星期里，一只未经刷洗的废弃的培养皿中长出了一种神奇的霉菌。他又一次观察到这种霉菌的抗菌作用——细菌覆盖了器皿中没有沾染这种霉菌的所有部位。

不过，这一次感染的细菌是葡萄球菌，这是一种严重的、有时是致命的感染源。

经证实，这种霉菌液还能够阻碍其他多种病毒性细菌的生长。青霉素（弗莱明在确认这种霉菌是一种青霉菌之后选定了这个名字）是否就是他长期以来一直在寻找的天然抗生素？它是可敷在伤口上的有效杀菌剂吗？

进一步的试验表明，这种抗生素作用缓慢，且很难大量生产。他的热情也随之凉了下来。在他转向其他研究项目之前，他在1929年发表的一篇论文中介绍了自己的上述发现，但当时这篇论文并未引起人们的重视。

弗莱明在论文中提到青霉素可能是一种抗生素，仅此而已。

他没有开展观察青霉素治疗效果的系统试验。他给健康的兔子和老鼠都注射过细菌培养液的过滤液——进行青霉素的毒性试验，但从未给患病的动物注射过。

如果当时他做了这方面的试验,这种"神奇药物"很可能会提早 10 年问世。

在英美两国媒体的共同努力下,关于弗莱明为创造一项医学奇迹而坚持不懈奋斗的传奇故事很快就诞生了。

媒体在科学史上几乎很少犯下如此严重的愚蠢错误。他们把弗莱明描述成发现青霉素的天才,而对牛津大学的研究小组要么只字不提,要么仅用几句话一带而过。但在弗莱明本人的演讲中,他总是把青霉素的诞生归功于弗洛里、钱恩和他的同事所做的研究。

诺贝尔奖评奖委员会并没有受舆论的蒙蔽而将 1945 年的诺贝尔医学奖授予弗莱明一人。作为弗莱明的合作者,弗洛里和钱恩与他共同获得了诺贝尔医学奖。

云南白药的发明

云南白药是一种治疗跌打损伤的特效药,它不仅在国内久负盛名,而且在国际上也被视为珍品。

云南白药原来是以发明者的名字命名的,叫"曲焕章白药"。

曲焕章是云南人,1878 年出生,7 岁时父母双亡,童年生活十分悲惨。在他 16 岁时,为了谋生,他干起了卖布的营生。有一天他到集市上去卖布,由于缺乏营养,疲劳过度,昏倒在街头,幸亏一位赶集的乡村医生把他救活。曲焕章得救后,感于医生的救死扶伤精神,于是就拜这位医生为师,从此弃商学医。

有一次,曲焕章上山采药,在昏暗的夜色中看到草丛中卧着一只庞然大物,他搬起一块大石头,悄悄走近,猛力砸去。这个庞然大物被砸中后不再动弹,他走过去一看,原来是只老虎。他怕老虎不死,又用挖药工具猛击虎头,直打到他确信老虎必死无疑才住手。这时夜色已深，就赶紧下山回家。

第二天早晨，曲焕章叫了几个村民，打算上山把死老虎抬下来。但他们找到老虎处一看，不禁大吃一惊：老虎早已不见踪影。原来，这只老虎并没被打死，苏醒之后带伤跑掉了。曲焕章十分懊悔。因为老虎浑身是宝，其肉其骨都是名贵药材。老虎得而复失，实在令人不甘心，于是曲焕章带着村民跟踪查找，顺着血迹追踪老虎。

跟踪中，他们发现好多处血迹旁都有老虎嚼剩下的野生植物。这一情景引起了曲焕章的注意，他想：难道这种植物能够止血愈伤，老虎靠吃它而保全了性命？果真如此，这种植物就有可能制成药来治疗人的外伤。想到这里，曲焕章立即停止了对老虎的追踪，开始集中全力研究起这种野生植物来。

曲焕章把这种植物一棵不漏地收集起来，带回家里进行试验。经过试验证明，这种植物果然对治疗跌打损伤具有奇效。他并不满足于已经取得的治疗效果，而是决心把这种植物进行精制，使之成为具有更高疗效的药品。

曲焕章用了整整10年的时间，对这种植物进行反复筛选、研制，终于在1908年研制成功了"曲焕章白药"，并投入生产。这年他正好30岁。曲焕章以顽强的毅力和出色的工作，为中国乃至世界的医药事业做出了重要贡献。

先进的科学——克隆技术

克隆是英文"clone"一词的音译，是利用生物技术由无性生殖产生与原个体有完全相同基因组之后代的过程。科学家把人工遗传操作动物繁殖的过程叫克隆，这门生物技术叫克隆技术，其本身的含义是无性繁殖，即由同一个祖先细胞分裂繁殖而形成的纯细胞系，该细胞系中每个细胞的基因彼此相同。

克隆技术在现代生物学中被称为"生物放大技术"，它已经历了三个发展时期：第一个时期是微生物克隆，即用一个细菌很快复制出成千上万个和它一模一样的细菌，而变成一个细菌群；第二个时期是生物技术克隆，比如用遗传基因——DNA 克隆；第三个时期是动物克隆，即由一个细胞克隆成一个动物。克隆绵羊"多莉"由一头母羊的体细胞克隆而来，使用的便是动物克隆技术。

在生物学上，克隆通常用在两个方面：克隆一个基因或是克隆一个物种。克隆一个基因是指从一个个体中获取一段基因（例如通过 PCR 的方法），然后将其插入另外一个个体（通常是通过载体），再加以研究或利用。克隆有时候是指成功地鉴定出某种表现型的基因。所以当某个生物学家说某某疾病的基因被成功地克隆了，就是说这个基因的位置和 DNA 序列被确定。而获得该基因的拷贝则可以认为是鉴定此基因的副产品。

克隆一个生物体意味着创造一个与原先的生物体具有完全一样的遗传信息的新生物体。在现代生物学背景下，这通常包括了体细胞核移植。在体细胞核移植中，卵母细胞核被除去，取而代之的是从被克隆生物体细胞中取出的细胞核，通常卵母细胞和它移入的细胞核均应来自同一物种。由于细胞核几乎含有生命的全部遗传信息，宿主卵母细胞将发育成为在遗传上与核供体相同的生物体。线粒体 DNA 这里虽然没有被移植，但相对来讲线粒体 DNA 还是很少的，通常可以忽略其对生物体的影响。

克隆在园艺学上是指通过营养生殖产生的单一植株的后代。很多植物都是通过克隆这样的无性繁殖方式从单一植株获得大量的子代个体。另外在动物界也有无性繁殖，不过多见于非脊椎动物，如原生动物的分裂繁殖、尾索类动物的出芽生殖等。但对于高级动物，在自然条件下，一般只能进行有性繁殖，所以要使其进行无性繁殖，科学家必须经过一系列复杂的操作程序。在 20 世纪 50 年代，科学家成功地无性繁殖出一种两栖动物——非洲爪蟾，揭开了细胞生物学的新篇章。

英国和我国等国在 20 世纪 80 年代后期先后利用胚胎细胞作为供体，"克隆"出了哺乳动物；到 90 年代中期，我国已用此种方法"克隆"了老鼠、兔子、山羊、牛、猪 5 种哺乳动物。

1996 年 7 月 5 日克隆出一只基因结构与供体完全相同的小羊"多莉"（Dolly)，世界舆论为之哗然。"多莉"的特别之处在于它的生命的诞生没有精子的参与。研究人员先将一个绵羊卵细胞中的遗传物质吸出去，使其变成空壳，然后从一只6岁的母羊身上取出一个乳腺细胞，将其中的遗传物质注入卵细胞空壳中。这样就得到了一个含有新的遗传物质但却没有受过精的卵细胞。这一经过改造的卵细胞分裂、增殖形成胚胎，再被植入另一只母羊子宫内，随着母羊的成功分娩，"多莉"来到了世界上。

但为什么其他克隆动物并未在世界上产生这样大的影响呢？这是因为其他克隆动物的遗传基因来自胚胎，且都是用胚胎细胞进行的核移植，不能严格地说是"无性繁殖"。另一原因，胚胎细胞本身是通过有性繁殖的，其细胞核中的基因组一半来自父本，一半来自母本。而"多莉"的基因组，全都来自于单亲，这才是真正的无性繁殖。因此，从严格的意义上说，"多莉"是世界上第一个真正克隆出来的哺乳动物。其特点就在于它与为它提供遗传物质的供体——那头6岁母羊具有完全相同的基因，可谓是它母亲的复制品。

"多莉"的诞生，意味着人类可以利用动物的一个组织细胞，像翻录磁带或复印文件一样，大量生产出相同的生命体，这无疑是基因工程研究领域的一大突破。

克隆技术是科学发展的结果，它有着极其广泛的应用前景。在园艺业和畜牧业中，克隆技术是选育遗传性质稳定的品种的理想手段，通过它可以培育出优质的果树和良种家畜。在医学领域，目前美国、瑞士等国家已能利用"克隆"技术培植人体皮肤进行植皮手术。这一新成就避免了异体植可能出现的排异反应，给患者带来了福音。

科学发明与创造

克隆是人类在生物科学领域取得的一项重大技术突破，反映了细胞核分化技术、细胞培养和控制技术的进步。动物克隆技术的重大突破，也带来了广泛的争议。

利用克隆技术可以在抢救珍奇濒危动物、扩大良种动物群体、提供足量试验动物、推进转基因动物研究、攻克遗传性疾病、研制高水平新药、生产可供人移植的内脏器官等研究中发挥作用，但如果将其应用在人类自身的繁殖上，将产生巨大的伦理危机。

更快速地治疗疾病的注射器

注射器是一种将药液注射进皮下组织、静脉等的医疗器械。注射器的发明是人类医学发展进程中十分重要的一环，通过注射器将液体药剂直接注入人体内，可以更高效、更迅捷地预防和治疗疾病。

世界上第一支注射器

15世纪，意大利人卡蒂内尔阐明了注射器的原理，英国科学家帕斯卡发明了世界上第一支注射器。18世纪后半叶，法国外科医生阿尔内设计出一种活塞式注射器。

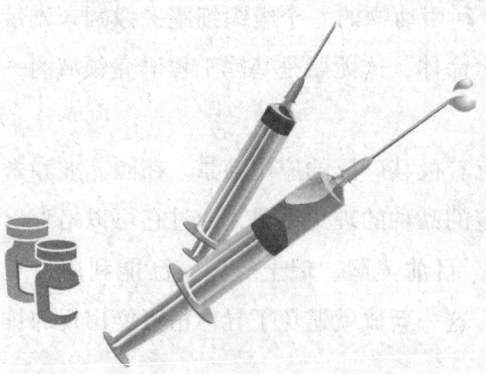

1853年，法国人普拉沃兹用白银制作的活塞式注射器已经具备了现代注射器的雏形，其内部容量为1毫升，并配有一根带有螺纹的活塞棒。同年，有人开始用这种注射器将药液注入皮

下组织以治疗疾病，被注射的部位常常是上臂和股外侧。1869 年，法国人吕易尔制造出第一支配有金属针头的玻璃注射器，它的透明度非常好，玻璃管上还刻有刻度，医生可以随时查看药液的剩余量。这种注射器不仅可用煮沸法来消毒，针头钝了也能磨尖后继续使用，这在相当程度上提高了注射器的性能。

现代化新型注射器

1998 年，英国氧气集团公司开发出一种喷射注射器。它不用针头，而是以氦气加压，让疫苗微粒直接穿过皮肤进入身体。

2006 年，美国开发出一种喷射注射器，它无需与皮肤接触，而是通过电子传动器将疫苗、胰岛素或者其他药物注入患者皮肤。它用一个细小的压电传动器替代针头，当电流通过时，传动器就会相应地收缩，将针剂推射出针管。

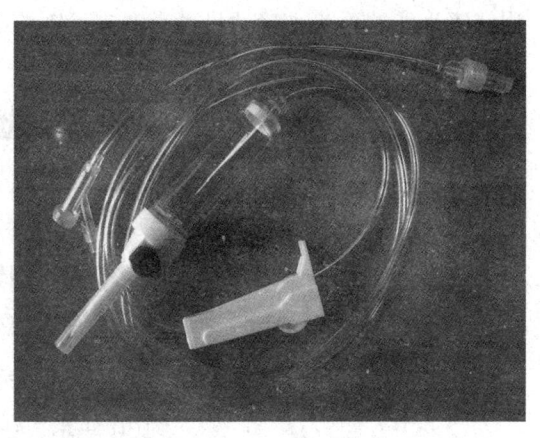

多功能安全输液器

输液器是一种将药液直接输进血管的装置。比较典型的是便携式多功能安全输液器，由通用机箱、变速电机、光控滴壶、一次性输液管等组成，不受体位高低限制，能背、挂、提、放，最适合于战地、灾区、野外、病员运转途中使用。输液速度随意可调，且其机箱通用性强，适用于各种大小包装的液瓶；另外，它耗电小，可使用电源广。

听诊器——用声音来看病

听诊器是主要用于听诊人体心肺等器官声响变化的常规医疗器械,它的发明使医生能够更为准确地借助声音来诊断疾病,挽救人的生命。

听诊器的诞生

1816年,巴黎医学院教授雷奈克在卢浮宫广场散步,看到一些儿童在玩游戏,他们用别针划刺木头的一端而在另一端听声音。雷奈克深受启发,悟出了声音在经过中空的管道传播时会得到加强的原理,并制成了一个长约30厘米、中空、两端备有一个喇叭形的木质单耳听筒的听诊器,世界上最早的听诊器由此诞生。

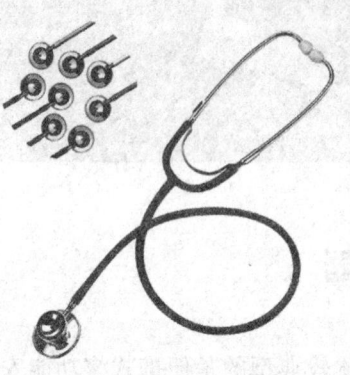

1840年,英国医生乔治·菲力普·卡门改良了雷奈克的设计,将两个耳栓用两条可弯曲的橡皮管连接到可与身体接触的听筒上,听筒则是一个中空的圆锥体。这种新式听诊器不仅可以使医生听到静脉、动脉、心、肺、肠等发出的声音,甚至可以听到母体内胎儿的心音。

现代新型电子听诊器

老式听诊器听到的声音微弱,不能隔离环境噪声,频率响应也不可调。新型电子听诊器接有放大器,可将微弱的心跳声放大到清晰可闻。

电子听诊器除了能清晰监听病人的胸、腹声音外，还能搜索定位机械噪声声源。其输出可用磁带录音机录下来供分析病情使用，或送入大功率的放大器另作他用。

"杂交水稻之父"——袁隆平

选用两个在遗传上有一定差异，同时它们的优良性状又能互补的水稻品种，进行杂交，生产具有杂种优势的第一代杂交种，用于生产，这就是杂交水稻。

杂种优势是生物界的普遍现象，利用杂种优势提高农作物产量和品质是现代农业科学的主要成就之一。

1971年2月袁隆平被调到湖南省农业科学院专门从事杂交水稻研究工作。为加强和协调杂交水稻的科学研究，1984年6月成立了全国性的杂交水稻专门研究机构——湖南杂交水稻研究中心，后又成立国家杂交水稻工程技术研究中心，均由袁隆平任中心主任至今。1995年他当选为中国工程院院士。被称为杂交水稻之父。

1960年袁隆平从一些学报上获悉杂交高粱、杂交玉米、无籽西瓜等，都已广泛应用于国内外生产中。这使袁隆平认识到：遗传学家孟德尔、摩尔根及其追随者们提出的基因分离、自由组合和连锁互换等规律对作物育种有着非常重要的意义。于是，袁隆平跳出了无性杂交学说圈，开始进行水稻的有性杂交试验。

1960年7月，他在早稻常规品种试验田里，发现了一株与众不同的水稻植

株。第二年春天，他把这株变异株的种子播到试验田里，结果证明了上年发现的那个"鹤立鸡群"的稻株，是地地道道的"天然杂交稻"。

他想：既然自然界客观存在着"天然杂交稻"，只要我们能探索其中的规律与奥秘，就一定可以按照我们的要求，培育出人工杂交稻来，从而利用其杂交优势，提高水稻的产量。

这样，袁隆平从实践及推理中突破了水稻为自花传粉植物而无杂种优势的传统观念的束缚。

于是，袁隆平立即把精力转到培育人工杂交水稻这一崭新课题上来。

在1964年到1965年两年的水稻开花季节里，他和助手们每天头顶烈日，脚踩烂泥，低头弯腰，终于在稻田里找到了6株天然雄性不育的植株。

经过两个春秋的观察试验，对水稻雄性不育材料有了较丰富的认识后，他根据所积累的科学数据，撰写成了论文《水稻的雄性不孕性》，发表在《科学通报》上。这是国内第一次论述水稻雄性不育性的论文，不仅详尽叙述水稻雄性不育株的特点，并就当时发现的材料区分为无花粉、花粉败育和部分雄性不育三种类型。

从1964年发现"天然雄性不育株"算起，袁隆平和助手们整整花了6年时间，先后用1000多个品种，做了3000多个杂交组合，仍然没有培育出不育株率和不育度都达到100%的不育系来。

袁隆平总结了6年来的经验教训，并根据自己观察到的不育现象，认识到必须跳出栽培稻的小圈子，重新选用亲本材料，提出利用"远缘的野生稻与栽培稻杂交"的新设想。

在这一思想指导下，袁隆平带领助手李必湖于1970年11月23日在海南岛的普通野生稻群落中，发现一株雄花败育株，并用广场矮、京引66等品种测交，发现其对野败不育株有保持能力，这就为培育水稻不育系和随后的"三系"配套打开了突破口，给杂交稻研究带来了新的转机。

将"野败"这一珍贵材料封闭起来，自己关起门来研究，还是发动更多的科技人员协作攻关呢？在这个重大的原则问题上，袁隆平毫不含糊、毫无保留地及时向全国育种专家和技术人员通报了他们的最新发现，并慷慨地把历尽艰辛才发现的"野败"奉献出来，分送给有关单位进行研究，协作攻克"三系"配套关。

1972年，农业部把杂交稻列为全国重点科研项目，组成了全国范围的攻关协作网。

1973年，广大科技人员在突破"不育系"和"保持系"的基础上，选用1000多个品种进行测交筛选，找到了1000多个具有恢复能力的品种。

张先程、袁隆平等率先找到了一批以IR24为代表的优势强、花粉量大、恢复度在90%以上的"恢复系"。

1973年10月，袁隆平发表了题为"利用野败选育三系的进展"的论文，正式宣告我国籼型杂交水稻"三系"配套成功。这是我国水稻育种的一个重大突破。紧接着，他和同事们又相继攻克了杂种"优势关"和"制种关"，为水稻杂种优势利用铺平了道路。

20世纪90年代后期，美国学者布朗抛出"中国威胁论"，撰文说到21世纪30年代，中国人口将达到16亿，到时谁来养活中国，谁来拯救由此引发的全球性粮食短缺和动荡危机？

这时，袁隆平向世界宣布："中国完全能解决自己的吃饭问题，中国还能帮助世界人民解决吃饭问题。"其实，袁隆平早有此虑。早在1986年，就在其论文《杂交水稻的育种战略》中提出将杂交稻的育种从选育方法上分为三系法、两系法和一系法三个发展阶段，即育种程序朝着由繁至简且效率越来越高的方向发展；从杂种优势水平的利用上分为品种间、亚种间和远缘杂种优势的利用三个发展阶段，即优势利用朝着越来越强的方向发展。

根据这一设想，杂交水稻每进入一个新阶段都是一次新突破，都将把水稻

产量推向一个更高的水平。

1995年8月，袁隆平郑重宣布：我国历经9年的两系法杂交水稻研究已取得突破性进展，可以在生产上大面积推广。正如袁隆平在育种战略上所设想的，两系法杂交水稻确实表现出更好的增产效果，普遍比同期的三系杂交稻每公顷增产750～1500千克，且米质有了较大的提高。

至今，在生产示范中，全国已累计种植两系杂交水稻1800余万亩。国家"863"计划已将培矮系列组合作为两系法杂交水稻先锋组合，在全国加大力度推广。

1998年8月，袁隆平又向新的制高点发起冲击。他向朱镕基总理提出选育超级杂交水稻的研究课题。朱总理闻讯后非常高兴，当即划拨1000万元予以支持，袁隆平为此深受鼓舞。在海南三亚农场基地，袁隆平率领着一支由全国十多个省、区成员单位参加的协作攻关大军，日夜奋战，攻克了两系法杂交水稻难关。经过近一年的艰苦努力，超级杂交稻在小面积试种获得成功，亩产达到800千克，并在西南农业大学等地引种成功。

2012年9月24日，国家杂交水稻工程技术中心表示，由袁隆平院士领衔的"超级杂交水稻第三斯亩产900公斤公关"通过现场测产验收，以百亩片加权平均亩产917.72千克的成绩突破攻关目标。袁隆平表示，连续两年百亩片平均亩产突破900千克，标志着我国已成功实现该攻关目标。

专家指出，该项突破具有重大意义，不仅有望提高中国农民的收入水平，更将对世界粮食问题的解决做出贡献。

第七章
物理化学中的发明与创造

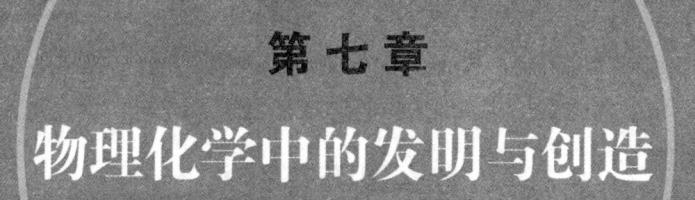

牛顿和万有引力定律

什么是万有引力

任何两个物体之间都存在这种吸引作用。物体之间的这种吸引作用普遍存在于宇宙万物之间，称为万有引力。

万有引力被发现的原因

牛顿发现万有引力的原因有很多，主要因为以下几点。

（1）科学发展的要求。在牛顿之前，有很多天文学家在对宇宙中的星星进行观察。经过几位天文学家的观察记录，到开普勒时，他对这些观测结果进行了分析总结，得到开普勒三定律：①所有行星都绕太阳做椭圆运行，太阳在所有椭圆的公共焦点上。②行星的路径在相等的时间内扫过相等的面积。③所有行星轨道半长轴的三次方跟公转周期的二次方的比值都相等。

开普勒三定律是不容置疑的，但为什么会这样呢？是什么让它们做加速不为零的运动？牛顿经过研究思考解决了这个问题：物体之间存在万有引力。当然，他发现万有引力定律是一个漫长而曲折的过程。

（2）个人原因。牛顿发现万有引力定律，虽然是科学发展的要求，生产力发展的原因。但我们不能忽略牛顿本人的一些因素：聪明、勤于思考、拥有一定的知识量。据《物理学史》说：牛顿在发现万有引力定律的那一段时间，真正地废寝忘食（每天魂不守舍，在食堂吃饭，饭碗在前，他在发呆。去食堂吃饭，却走错了方向。一些老师在校园后的沙滩上散步时，看见了一些古怪的算式和符号）。

1669年，他年仅27岁，就担任了剑桥的数学教授；还有1672年当选为英国皇家学会会员。英国皇家学会不是一般人能进去的，那是科学研究中心，里面都是一流的科学家。

万有引力是怎样被发现的

1666年，23岁的牛顿还是剑桥大学圣三一学院三年级的学生。看到他白皙的皮肤和金色的长发，很多人以为他还是个孩子。他身体瘦小，沉默寡言，性格严肃，这使人们更加相信他还是个孩子。他那双锐利的眼睛和整天写满怒气的表情更是拒人于千里之外。

黑死病席卷了伦敦，夺走了很多人的生命，那确实是段可怕的日子。大学被迫关闭，像艾萨克·牛顿这样热衷于学术的人只好返回安全的乡村，期待着席卷城市的病魔早日离去。

在乡村的日子里，牛顿一直被这样的问题所困惑：是什么力量驱使月球围绕地球转，地球围绕太阳转？为什么月球不会掉落到地球上？为什么地球不会掉落到太阳上？

在随后的几年里，牛顿声称这种事情已经发生过。坐在姐姐的果园里，牛顿听到熟悉的声音，"咚"的一声，一个苹果落到草地上。他急忙转头观察第二个苹果落地。第二个苹果从外伸的树枝上落下，在地上反弹了一下，静静地躺在草地上。这个苹果肯定不是牛顿见到的第一个落地的苹果，当然第二个和

第一个没有什么差别。

苹果落地虽没有给牛顿提供答案，但却激发这位年轻的科学家思考一个新问题：苹果会落地，而月球却不会掉落到地球上，苹果和月亮之间存在什么不同呢？

第二天早晨，天气晴朗，牛顿看见小外甥正在玩小球。他手上拴着一条皮筋，皮筋的另一端系着小球。他先慢慢地摇摆小球，然后越来越快，最后小球就径直抛出。

牛顿猛地意识到月球和小球的运动极为相像。两种力量作用于小球，这两种力量是向外的推动力和皮筋的拉力。同样，也有两种力量作用于月球，即月球运行的推动力和重力的拉力。正是在重力的作用下，苹果才会落地。

牛顿首次认为，重力不仅仅是行星和恒星之间的作用力，有可能是普遍存在的吸引力。他深信炼金术，认为物质之间相互吸引，这使他断言，相互吸引力不但适用于硕大的天体之间，而且适用于各种体积的物体之间。苹果落地、雨滴降落和行星沿着轨道围绕太阳运行都是重力作用的结果。

人们普遍认为，适用于地球的自然定律与太空中的定律大相径庭。牛顿的万有引力定律沉重打击了这一观点，它告诉人们，支配自然和宇宙的法则是很简单的。

牛顿推动了引力定律的发展，指出万有引力不仅仅是星体的特征，也是所有物体的特征。作为所有最重要的科学定律之一，万有引力定律及其数学公式已成为整个物理学的基石。

当然，当时牛顿提出了万有引力理论，却未能得出万有引力的公式，因为公式中的"G"实在太小了,因此他提出:$F=mM/r^2$。直到1798年英国物理学家卡文迪许利用著名的卡文迪许扭秤(即卡文迪许实验)较精确地测出了引力恒量的数值。

万有引力定律是牛顿在1687年出版的《自然哲学的数学原理》一书中首先提出的。牛顿利用万有引力定律不仅说明了行星运动规律,而且还指出木星、土星的卫星围绕行星也有同样的运动规律。

他认为月球除了受到地球的引力外,还受到太阳的引力,从而解释了月球运动中早已发现的二均差、出差等。另外,他还解释了彗星的运动轨道和地球上的潮汐现象。根据万有引力定律成功地预言并发现了海王星。

万有引力定律出现后,才正式把研究天体的运动建立在力学理论的基础上,从而创立了天体力学。简单地说,质量越大的东西产生的引力就越大,地球的质量产生的引力足够把地球上的东西全部抓牢。

万有引力的伟大意义

17世纪早期,人们已经能够区分很多力,比如摩擦力、重力、空气阻力、电力和人力等。牛顿首次将这些看似不同的力准确地归结到万有引力概念里:苹果落地,人有体重,月亮围绕地球转,所有这些现象都是由相同原因引起的。牛顿的万有引力定律简单易懂,涵盖面广。

牛顿的万有引力概念是所有科学中最实用的概念之一。牛顿认为万有引力是所有物质的基本特征,这成为大部分物理科学的理论基石。

蕴含巨大能量的原子反应堆

原子能的和平利用标志着人类改造自然进入了一个新阶段。原子能是原子核发生变化时释放出来的能量，对同等质量的燃料来说，原子能要比化学能大几百万倍。

早在1929年，科克罗夫特就利用质子成功地实现了原子核的变换。但是，用质子引起核反应需要消耗非常多的能量，使质子和目标的原子核碰撞命中的机会也非常之少。

1938年，德国人奥托·哈恩和休特洛斯二人成功地使中子和铀原子发生了碰撞。这项实验有着非常重大的意义，它不仅使铀原子简单地发生了分裂，而且裂变后总的质量减少，同时放出能量。尤其重要的是铀原子裂变时，除裂变碎片之外还射出2～3个中子，这个中子又可以引起下一个铀原子的裂变，从而发生连锁反应。

1939年1月，用中子引起铀原子核裂变的消息传到费米的耳朵里，当时他已逃亡到美国哥伦比亚大学，费米不愧是个天才科学家，他一听到这个消息，马上就直观地设想了原子反应堆的可能性，开始为它的实现而努力。

费米组织了一支研究队伍，对建立原子反应堆问题进行彻底的研究。费米与助手们一起，经常通宵不眠地进行理论计算，思考反应堆的形状设计，有时还要亲自去解决石墨材料的采购问题。

1942年12月2日，费米的研究组人员全体集合在美国芝加哥大学足球场的一个巨大石墨型反应堆前面。这时由费米发出信号，紧接着从那座埋没在石墨之间的7吨铀燃料构成的巨大反应堆里，控制棒缓慢地被拔了出来，随着计数器发出了咔嚓咔嚓的响声，到控制棒上升到一定程度，计数器的声音响成了一片，这说明连锁反应开始了。这是人类第一次释放并控制了原子能的时刻。

1954年前苏联建成世界上第一座原子能发电站，利用浓缩铀作燃料，采用石墨水冷堆，电输出功率为5000千瓦。1956年，英国也建成了原子能电站。

原子能电站的发展并非一帆风顺，不少人对核电站的放射性污染问题感到忧虑和恐惧，因此出现了反核电运动。其实，在严格的科学管理之下，原子能是安全的能源。原子能发电站周围的放射性水平，同天然本底的放射性水平实际并没有多大差别。

1979年3月，美国三里岛原子能发电站，由于操作错误和设备失灵，造成了原子能开发史上空前未有的严重事故。然而，由于反应堆的停堆系统、应急冷却系统和安全壳等安全措施发挥了作用，结果放射性外逸量微乎其微，人和环境没有受到什么影响，充分说明现代科技的发展已能保证原子能的安全利用。

提供强大电流的发电机

发电机的发明，是以电磁学的创立为理论基础的。而奠定电磁学的实验基础的，是英国化学家和物理学家法拉第。

法拉第由于家庭贫困，只上过两年小学，12岁就上街卖报，13岁到一个书商兼订书匠的家里当学徒。他求知欲望十分强烈，利用订书的空闲时间，如饥似渴、废寝忘食地阅读了许多有关自然科学方面的书籍。

他在听过大化学家戴维的科学讲演以后，把整理好的讲演记录送给戴维，并且附信，表明自己愿意献身科学事业，同时"毛遂自荐"，结果如愿以偿，22岁时，他当了戴维的实验室助手。

1820年，奥斯特发现了电流对磁针的作用，法拉第敏锐地认识到它的重要性。1821年，法拉第在日记中写下了一个设想：用磁生电。到1831年他终于发现，一个通电线圈产生的磁力虽然不能在另一个线圈中引起电流，但是当通电线圈的电流刚接通或中断时，另一个线圈中的电流指针有微小偏转。

法拉第抓住这个发现反复做试验，证实了当磁作用力发生变化时，另一个线圈中就有电流产生。

法拉第发现线圈在磁场运动中可以产生电流，指明了制造发电机的原理。按照这个原理，最初制造的几种发电机都用永久磁铁提供磁场，用蒸汽机带动线圈转动。

从1840年到1865年，已经有庞大笨重的永久磁铁发电机在运转。这种发电机的磁场太弱，发电效率很低。

1866年，德国工程师西门子发明了一种发电机，它能够提供强有力的电流。

西门子年轻的时候曾经在炮兵部队中工作，熟悉新发展起来的电报。1847年他成立西门子公司，从事生产电报设备和建立电报线路的工作。西门子公司不单是生产现成设备，它还有科学实验室。这个实验室发明了用于电报线的树胶绝缘体和电报装置中的电枢引铁等。实验室的种种发明大大推动了公司的业务活动。

为了解决德国电镀工业对电力的大量需要，在西门子的指导下，1866年公司实验室研制成功用电磁铁代替永久磁铁的自激磁场式发电机。这种新型发电机效率高，发电容量大，成为现代电力工业的基石。

人有了发电机，发电厂相继建立起来，输电网也随着出现。发电机的诞生标志着人类开始进入电气时代。

因水壶而诞生的蒸汽机

简 介

詹姆斯·瓦特是英国著名的发明家，是工业革命时期的重要人物。英国皇家学会会员和法兰西科学院外籍院士。他对当时已出现的蒸汽机原始雏形做了一系列的重大改进，发明了单缸单动式和单缸双动式蒸汽机，提高了蒸汽机的热效率和运行可靠性，对当时社会生产力的发展做出了杰出贡献。他改良了蒸汽机、发明了气压表、汽动锤。后人为了纪念他，将功率和辐射通量的计量单位称为瓦特，常用符号"W"表示。

在瓦特的讣告中，人们对他发明的蒸汽机有这样的赞颂：

"它武装了人类，使虚弱无力的双手变得力大无穷，健全了人类的大脑以处理一切难题。它为机械动力在未来创造奇迹打下了坚实的基础，将有助并报偿后代的劳动。"

水壶启示

随着智育的发展，瓦特对客观存在的一些事物都产生了浓厚的兴趣，产生了好奇和钻研之心。这为他以后发明蒸汽机打下了良好的基础。

在瓦特故乡的小镇子上，家家户户都是生火烧水做饭。对这种司空见惯的事，有谁留过心呢？瓦特就留了心。他在厨房里看祖母做饭，灶上坐着一壶开水。开水在沸腾，壶盖啪啪啪地响，不停地往下跳动。瓦特观察了好半天，才感到很奇怪，猜不透这是什么缘故，就问祖母说："什么玩意儿使壶盖跳动呢？"

祖母回答说："水开了，就这样。"

瓦特没有满足，又追问："为什么水开了壶盖就跳动？是什么东西推动它吗？"

可能是祖母太忙了，没有工夫回答他，便不耐烦地说："不知道。小孩子刨根问底地问这些有什么意思呢？"

瓦特在他祖母那里不但没有找到答案，反而受到了冤枉的批评，心里很不舒服，可他并不灰心。

连续几天，每当做饭时，他就蹲在火炉旁边细心地观察着。起初，壶盖很安稳，隔了一会儿，水要开了，发出哗哗的响声。蓦地，壶里的水蒸气冒出来，推动壶盖跳动了。蒸气不住地往上冒，壶盖也不停地跳动着，好像里边藏着个魔术师，在变戏法似的。瓦特高兴了，几乎叫出声来。他把壶盖揭开盖上，盖上又揭开，反复验证。他还把杯子、调羹遮在水蒸气喷出的地方。瓦特终于弄清楚了，是水蒸气推动壶盖跳动，这水蒸汽的力量还真不小呢。

就在瓦特兴高采烈的时候，祖母又开腔了："你这孩子，不知好歹，水壶有什么好玩的，快给我走开！"

他的祖母过于急躁和主观了，这随随便便不放在心上的话，险些挫伤了瓦特的自尊心和探求科学知识的积极性。年迈的老人啊，根本不理解瓦特的心，不知"水蒸气"对瓦特有多么大的启示！水蒸气推动壶盖跳动的物理现象，不正是瓦特发明蒸汽机的认识源泉吗？

瓦特对蒸汽机的最初设想

1764年，学校请瓦特修理一台纽可门式蒸汽机，在修理的过程中，瓦特熟悉了蒸汽机的构造和原理，并且发现了这种蒸汽机的两大缺点：活塞动作不连续而且慢；蒸汽利用率低，浪费原料。以后，瓦特开始思考改进的办法。直到1765年的春天，在一次散步时，瓦特想到，既然纽可门蒸汽机的热效率低是蒸汽在缸内冷凝造成的，那么为什么不能让蒸气在缸外冷凝呢？瓦特产生了采用分离冷凝器的最初设想。

在产生这种设想以后，瓦特在同年设计了一种带有分离冷凝器的蒸汽机。按照设计，冷凝器与汽缸之间有一个调节阀门相连，使它们既能连通又能分开。这样，既能把做功后的蒸气引入汽缸外的冷凝器，又可以使汽缸内产生同样的真空，避免了汽缸在一冷一热过程中热量的消耗。据瓦特理论计算，这种新的蒸汽机的热效率将是纽可门蒸汽机的三倍。

从理论上说，瓦特的这种带有分离冷凝器的蒸汽机显然优于纽可门蒸汽机。但是，要把理论上的东西变为实际的东西，把图纸上的蒸汽机变为实在的蒸汽机，还要走很长的路。

瓦特辛辛苦苦造出了几台蒸汽机，但效果反而不如纽可门蒸汽机好，甚至还四处漏气，无法开动。尽管耗资巨大的试验使他债台高筑，但他没有在困难面前停步，继续进行试验。

当布莱克知道瓦特的奋斗目标和困难处境时，他把瓦特介绍给了自己一个十分富有的朋友——化工技师罗巴克。

当时罗巴克是一个十分富有的企业家，他在苏格兰的卡隆开办了第一座规模较大的炼铁厂。虽然当时罗巴克已近50岁，但对科学技术的新发明仍然倾注着极大的热情。他对当时只有三十来岁的瓦特的新装置很是赞许，当即与瓦特签定合同，赞助瓦特进行新式蒸汽机的试制。

从1766年开始，在三年多的时间里，瓦特克服了在材料和工艺等各方面的困难，终于在1769年制出了第一台样机。同年，瓦特因发明冷凝器而获得他在革新纽可门蒸汽机的过程中的第一项专利。

第一台带有冷凝器的蒸汽机虽然试制成功了，但它同纽可门蒸汽机相比，除了热效率有显著提高外，在作为动力机来带动其他工作机的性能方面仍未取得实质性进展。就是说，瓦特的这种蒸汽机还是无法作为真正的动力机。

改进历程

自1769年试制出带有分离冷凝器的蒸汽机样机之后，瓦特就已看出热效率低已不是他的蒸汽机的主要弊病，而活塞只能做往返的直线运动才是它的根本局限。

1781年，瓦特仍然在参加圆月学社的活动。也许在聚会中会员们所提到的天文学家赫舍尔在当年发现的天王星以及由此引出的行星绕日的圆周运动启发了他，也许是钟表中的齿轮的圆周运动启发了他。他想到了把活塞往返直线运动变为旋转的圆周运动就可以使动力传给任何工作机。同年，他研制出了一套被称为"太阳和行星"的齿轮联动装置，终于把活塞的往返直线运动转变为齿轮的旋转运动。为了使轮轴的旋轴增加惯性，从而使圆周运动更加均匀，瓦特还在轮轴上加装了一个火飞轮。

正是由于对传统机构的这一重大革新，瓦特的这种蒸汽机才真正成为了能带动一切工作的动力机。1781年底，瓦特以发明带有齿轮和拉杆的机械联动装置获得第二个专利。

由于这种蒸汽机加上了轮轴和飞轮，这时的蒸汽机在把活塞的往返直线运动转变为轮轴的旋转运动时，多消耗了不少能量。这样，蒸汽机的效率不是很高，动力不是很大。

为了进一步提高蒸汽机的效率，瓦特在发明齿轮联动装置之后，对汽缸本身进行了研究。他发现，虽然把纽可门蒸汽机的内部冷凝变成了外部冷凝，使蒸汽机的热效率有了显著提高，但他的蒸汽机中蒸气推动活塞的冲程工艺与纽可门蒸汽机没有不同。两者的蒸汽都是单项运动，从一端进入，另一端出来。他想，如果让蒸汽能够从两端进入和排出，就可以让蒸汽既能推动活塞向上运动又能推动活塞向下运动。那么，他的效率就可以提高一倍。

1782年，瓦特根据这一设想，试制出了一种带有双项装置的新汽缸。由此瓦特获得了他的第三项专利。

把原来的单项汽缸装置改装成双项汽缸，并首次把引入汽缸的蒸汽由低压蒸汽变为高压蒸汽，这是瓦特在改进纽可门蒸汽机过程中的第三次飞跃。

通过这三次技术飞跃，纽可门蒸汽机完全演变成了瓦特蒸汽机。

从最初接触蒸汽技术到瓦特蒸汽机研制成功，瓦特走过了二十多年的艰难历程。瓦特虽然多次受挫、屡遭失败，但他仍然坚持不懈、百折不回，终于完成了对纽可门蒸汽机的三次革新，使蒸汽机得到了更广泛的应用，成为改造世界的动力。

1784年，瓦特以带有飞轮、齿轮联动装置和双项装置的高压蒸汽机的综合组装取得了他在革新纽可门蒸汽机过程中的第四项专利。1788年，瓦特发明了离心调速器和节气阀；1790年，他又发明了汽缸示工器，至此瓦特完成了蒸汽机发明的全过程。

科学发明与创造

威力无比的炸药

诺贝尔的父亲是一位颇有才干的发明家,倾心于化学研究,尤其喜欢研究炸药。受父亲的影响,诺贝尔从小就表现出顽强勇敢的性格,他经常和父亲一起去实验炸药。多年随父亲研究炸药的经历,也使他的兴趣很快转到应用化学方面。

1862年夏天,他开始了对硝酸甘油的研究。这是一个充满危险和牺牲的艰苦历程,死亡时刻都在陪伴着他。在一次进行炸药实验时发生了爆炸事件,实验室被炸得无影无踪,5个助手全部牺牲,连他最小的弟弟也未能幸免。这次惊人的爆炸事故,使诺贝尔的父亲受到了十分沉重的打击,没过多久就去世了。他的邻居们出于恐惧,也纷纷向政府控告诺贝尔。此后,政府不准诺贝尔在市内进行实验。

但是诺贝尔百折不挠,他把实验室搬到市郊湖中的一艘船上继续实验。经过长期的研究,他终于发现了一种非常容易引起爆炸的物质——雷酸汞,他用雷酸汞做成炸药的引爆物,成功地解决了炸药的引爆问题,这就是雷管的发明。它是诺贝尔科学道路上的一次重大突破。

矿山开发、河道挖掘、铁路修建及隧道的开凿,都需要大量的烈性炸药,所以硝酸甘油炸药的问世受到了普遍的欢迎。

诺贝尔在瑞典建成了世界上第一座硝酸甘油工厂,随后又在国外建立了生产炸药的合资公司。但是,这种炸药本身有许多不完善之处。存放时间一长就会分解,强烈的振动也会引起爆炸。在运输和贮藏的过程中曾经发生了许多事故。

针对这些情况,瑞典和其他国家的政府发布了许多禁令,禁止任何人运输诺贝尔发明的炸药，并明确提出要追究诺贝尔的法律责任。

面对这些考验，诺贝尔没有被吓倒，他又在反复研究的基础上，发明了以硅藻土为吸收剂的安全炸药，这种被称为黄色炸药的安全炸药，在火烧和锤击下都表现出极大的安全性。这使人们对诺贝尔的炸药完全解除了疑虑，诺贝尔再度获得了信誉，炸药工业也很快地获得了发展。

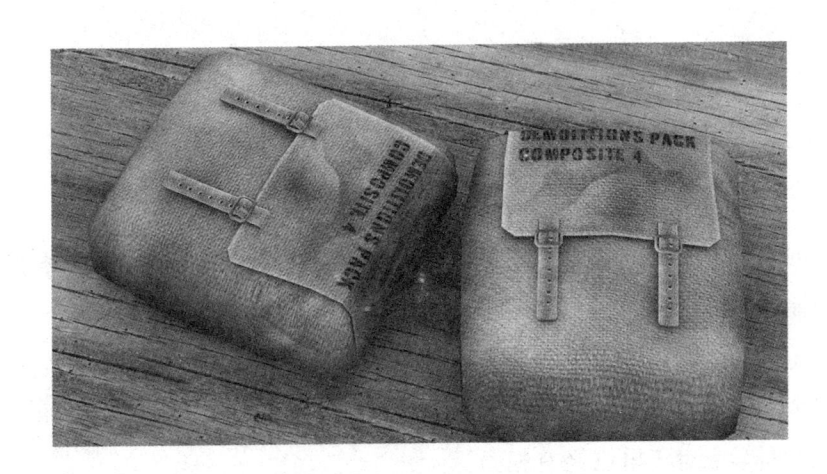

在安全炸药研制成功的基础上，诺贝尔又开始了对旧炸药的改良和新炸药的生产研究。

两年以后，一种以火药棉和硝酸甘油混合的新型胶质炸药研制成功。这种新型炸药不仅有高度的爆炸力，而且更加安全，既可以在热辊子间碾压，也可以在热气下压制成条绳状。胶质炸药的发明在科学技术界受到了普遍的重视。

诺贝尔在已经取得的成绩面前没有停步，当他获知无烟火药的优越性后，又投入了混合无烟火药的研制中，并在不长的时间里研制出了新型的无烟火药。

诺贝尔一生的发明极多，获得的专利就有255种，其中仅炸药就达129种，就在他生命的垂危之际，他仍念念不忘对新型炸药的研究。

| 科学发明与创造

伏打发明电池

概　述

1799年，伏打以含食盐水的湿抹布，夹在银和锌的圆形板中间，堆积成圆柱状，制造出最早的电池——伏打电池。

将不同的金属片插入电解质水溶液形成的电池，通称伏打电池。

当时科学家对于电已经有相当的认识（静电、导电、电的种类），加上对雷电的正确了解，尤其是避雷针的研制成功，消除人们对于雷电的畏惧。特别是蓄电装置被发明后，科学家开始动脑筋去想如何能够有效地运用电。

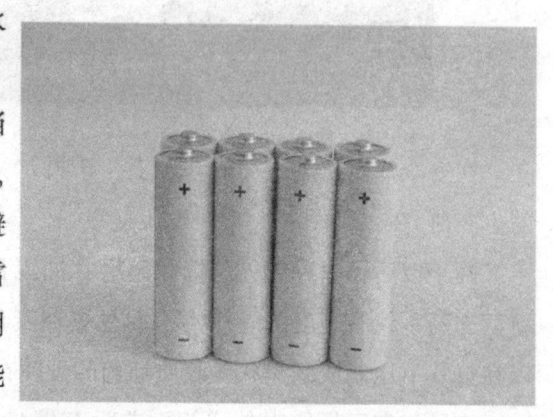

青蛙腿的启示

意大利波洛尼亚大学的解剖学教授贾法尼（1737—1798）经常利用电击研究生物反应。1780年秋天，他无意间发现，即使在没通电源的情况下，剥下来的青蛙腿也会发生痉挛的现象。后来经过10年的研究，在1791年终于发表成果。他一直认为这是一种由动物本身的生理现象所产生的电，称为动物电，因此开发了一支新的科学"电生理学"的研究。同时也带动了电流研究的开始，促使电池的发明。

关于这次意外的发现说法如下：

一次寻常的闪电，使贾法尼解剖室台上的起电机发生电气火花的同时，放在桌子上与钳子和镊子环连接触的一只青蛙腿发生痉挛，而此时起电机与青蛙腿之间并无导体连接。接着他把青蛙腿的一只脚吊高，再用黄铜钩刺在脊髓上，并使其接触银制的台板，让另一只脚可以在台板上方自由活动，当它碰到银台时，脚的肌肉就收缩而离开台板，但是离开台板后又再度伸长碰到银台如此反复摇摆。如果将钩与台改换成同一种金属，就看不到这种现象。

伏打和贾法尼的争辩

意大利利帕维亚大学的物理学教授伏打（1745—1827），反复重做贾法尼的实验，仔细观察后发现电并不是发生于动物组织内，而是由于金属或是木炭的组合而产生的。于是伏达完全不使用动物的组织，仅用不同金属相接触，使用莱顿瓶及金箔检电器进行实验，发现在接触面上会产生电压，称为接触压。这种装置可以同时用不同的几种金属，提高实验效果，但是却无法产生连续不断的电流。

伏打同时注意到贾法尼的实验中也是使用不同的金属，而实验中的青蛙腿可以看做一种潮湿的物质，所以就使用能够导电的盐水液体来代替动物组织试验之，终于发现了电池的原理，做出了著名的伏达电堆与伏达电池。

贾法尼和伏打是朋友，贾法尼相当坚持自己的看法，伏打的反对意见促使贾法尼更进一步地研究，这一次他干脆不用任何金属做导体，剥出一条青蛙腿的神经，一端缚在另一条腿的肌肉上，另一端和脊髓相接，结果腿仍然会有抽搐现象，证明了表现在青蛙腿上的电刺激，可以仅仅来自于动物本身，这就是所谓的贾法尼电池、贾法尼电流。贾法尼创造出动物电，促使了电生理学的建立。

伏打电堆与伏打电池

伏打电堆是由几组圆板堆积而成，每一组圆板包括两种不同的金属板。所有的圆板之间夹放着几张盐水泡过的布，潮湿的布具有导电的功能。伏达进一步试验不同金属对所产生的电动势效果，得到以下的关系：

Zn-Pb-Sn-Fe-Cu-Ag-Au

同时他也试过不同的导电液，后来就用硫酸液代替盐水。至于电堆的原理，伏打则认为是由于金属接触的机械原因所导致的，一直到后来赫尔姆霍兹才指出这是错误，而认为这是化学作用所引起的。

1800年伏达将十几年的研究成果，写成一篇论文《论不同金属材料接触所激发的电》，寄给英国皇家学会，不幸受到当时皇家学会负责论文工作的一位秘书尼克尔逊有意的搁置，后来伏达以自己的名义发表，终于使尼克尔逊的窃取行为遭受学术界的唾弃。

当时的法国皇帝拿破仑平素喜欢学者，1800年11月20日在巴黎召见伏达，当面观看实验顿觉感动，立即命令法国学者成立专门的委员会，进行大规模的相关实验。同时也颁发6000法郎的奖金和勋章给伏达，发行了纪念金币，而伏打也被作为电压的单位，直到现在我们还在引用。

伏打电池之后

在伏达之前，人们只能应用摩擦发电机，运用旋转以发电，再将电存放在莱顿瓶中，以供使用。这种方式相当麻烦，所得的电量也受限制。伏打电池的发明改进了这些缺点，使得电的取得变得非常方便。现在电气所带来的文明，伏打电池是一个重要的起步，它带动后续电气相关研究的蓬勃发展，后来利用电磁感应原理的电动机，和发电机研发成功也得归功于它，而发电机之后电气文明的开始，导致第二次产业革命改变人类社会的结构。

居里夫人和镭

玛丽1867年出生于波兰的华沙，高中毕业后，曾患了一年的精神疾病。由于是女性，她不能在俄罗斯或波兰的任何大学继续进修，所以她做了纪念的家庭教师。最终，在她的姐姐的经济支持下移居巴黎，并在索邦（Sorbonne，巴黎大学的旧名）学习数学和物理学。经过思念的努力，玛丽于巴黎大学取得物理及数学两个硕士学位。在那里，她成为了该校第一名女性讲师。

玛丽在索邦结识了另一名讲师——皮埃尔·居里，就是她后来的丈夫。他们两个经常在一起进行以沥青铀矿石为主的放射性物质的研究，因为这种矿石的总放射性比其所含有的铀的放射性还要强。在研究过程中，她发现能放射出那种奇怪光线的不只有铀，还有钍。因此，她做出大胆判断：还有一种物质能够放射光线，这种新的物质，也就是还未发现的新元素，只是极少量地存在于矿物之中。居里夫人把

它定名为"镭",因为在拉丁文中,它的原意就是"放射"。

当时很多科学家并不相信,认为居里夫妇只是一种假设,甚至有人说道:"如果真有那种元素,请提取出来,让我们瞧瞧!"

要提炼镭元素,需要足够的沥青铀矿,而这种矿很稀少,价格又很昂贵,他们根本无法得到。这件事后来传到奥地利,迅速得到奥地利政府的支持,奥地利政府赠送他们一吨已提取过铀的沥青矿残渣,这才开始了提取纯镭的实验。

经过3年多的艰苦工作,居里夫妇终于在1902年提炼出0.1克镭盐,接着又初步测定了镭的原子量。由于这种元素的放射性比铀强200万倍,因而它不用借助任何外力,就会自然发光发热。

镭的发现,引起科学乃至哲学的巨大变革,为人类探索原子世界的奥秘打开了大门。可以说,它的发现,开辟了科学世界的新领域,并由此诞生了一门新兴的放射学,所以,镭被誉为"伟大的革命者"。

正是因为居里夫妇为科学革命做出了巨大的贡献,第二年,他们便获得了诺贝尔物理奖金。

过后不久,人们又发现镭在医学方面的价值,给癌症患者带来了福音,这使本来已经非常昂贵的镭,变得更加珍贵。有人劝说居里夫妇说:"您如果去申请专利,定会成为百万富翁!"

"不,镭是一种元素,它应属于全世界!"居里夫妇毫不犹豫地回答。

居里夫妇非常信奉"科学是无国界"的,也可以说,这是他们献身科学的共同宏愿。但不幸的是,1906年4月的一天,在一次车祸中彼埃尔·居里失去了自己宝贵的生命。居里夫人强忍悲痛,继续进行自己的科学研究。

1910年,居里夫人成功地分离出纯镭,分析出镭元素的各种性质,精确地测定了它的原子量。在同年居里夫人出席的国际放射学理事会上,制定了以居里名字命名的放射性单位,同时采用了居里夫人提出的镭的国际标准。

连接火车的詹内挂钩

我们今天看到一列长长的火车奔驰而过时,都知道各车厢之间是用自动挂钩连接起来的。

但在19世纪中叶之前,这种挂钩还没有发明,那时连接各车厢的方法是用铁链子拴起来。这种办法很笨重,不仅费时费力,而且很不牢固,特别是一遇到列车爬坡,车厢很容易脱节,往往会导致翻车事故。

发明火车自动挂钩的是美国人哈姆尔特·詹内。

詹内原来是个铁路工人,他看到工人们为了连接或分开一列火车的车厢,总要爬上爬下,用铁链子缠来绕去,工作非常艰苦,还容易发生挤伤手脚的事故,便决心发明一种新的连接方法,以减轻工人的劳动强度。

1867年的一天,詹内从一个货运站回家,他边走边在思考着火车挂钩的问题。

突然,一群孩子挡住了他的去路,原来这些孩子正在做游戏。

只见他们先是互相追逐,很快又变成两人一对,面对面,脚顶脚,胳膊伸直,手指弯曲着勾连在一起,身子向后倾斜着转圈,并不时发出阵阵欢快的笑声。

詹内站在旁边看得着了迷，他从孩子们手拉手的方法中得到启示，他想："要是能发明一种装置，像两只手一样勾连起来，问题不就解决了吗？"詹内忘了一天的疲劳，立即回到家，动手用木头制作手的模型，使模型的手指弯曲着，能钩在一起，他想用这个办法解决车厢的连接问题。

试验结果，因为木制的手不能活动而失败了。

詹内并不气馁，他经过多次试验改进，最终发明了火车的自动挂钩。这种挂钩是用铁铸造的，像两只手，安装在每节车厢的两端。

"铁手"的掌心有个机关，两只"铁手"一碰，撞动了机关，就紧紧地握在一起了。要想分开，就启动另外的机关，两只"铁手"就又分开了。

火车自动挂钩的发明，使铁路工人从繁重的劳作中解放出来，为铁路运输提供了既安全又方便的条件。

为了纪念这一发明，人们把火车自动挂钩称为"詹内挂钩"。

伦琴与 X 射线

X 射线的发现过程，是一个充满偶然性的故事。

1895 年，在德国中部的巴伐利亚，伦琴博士正在进行有关密封玻璃管里的发光现象的试验。这就是：在装有两个电极的真空玻璃管（雷钠管）电极上进行加上高电压的实验。这项实验本身并不新鲜，是当时的科学家都知道的，一加高电压，管内就要发光。但是为什么发光，当时还是一个谜。

1895 年 11 月 8 日下午，伦琴和夫人吃完了饭，回到实验室来，要再次观察雷钠管的发光现象。他从架子上拿了一根雷钠管，用黑色纸套把它严严实实地包了起来。接着，他关上门窗，把房间弄黑，然后给管子接通高压电源，让管子放电，以便检查黑色纸套是否漏光。

正当他准备开始正式实验时，突然发现一种奇异的现象：附近的小工作台上有一块涂了氰亚铂酸钡的纸板发出一片明亮的荧光。切断电源，荧光也随之消失了。

伦琴发现这一现象后，又仔细观察了产生这种现象的原因，他让一系列放电通过阴极射线管，结果纸板上出现了同样的闪光。

他确信，纸板发出的荧光，不可能是阴极射线形成的，因为阴极射线的能量连几厘米以上的空气都穿不透，而雷钠管离小工作台有两米多远，阴极射线是无法穿越这样长的距离的。

于是，伦琴又把纸板移开，换上照相胶板，结果胶板感光了。接着，他又在雷钠管和照相底板之间放上几种东西：钥匙、自己常用的猎枪。令人惊奇的是，就连钥匙和猎枪金属部分的细小之处都清清楚楚地照出来了。这真是一个惊人的发现。

接着，伦琴又让他的夫人把手放在雷钠管和胶板中间，结果，夫人手上的每块骨头以及手上戴的戒指都照出来了。从那天起，伦琴就住在了实验室，夜以继日地进行着研究试验，终于在1895年12月28日发表了研究报告。

1896年1月5日，关于X射线的重大报道在维也纳日报上刊出，立即引起全世界的注意。在美国报道此事4天之后，就有人用X射线发现了患者脚上的子弹。X射线很快就进入了医学领域。当时英国一位著名外科医生托马斯·亨利称之为"诊断史上的一个最大的里程碑"。

1901年，伦琴由于发现X射线的贡献，获得了诺贝尔物理学奖金。

万能的机器人

机器人是模拟人的四肢动作和部分感觉与思维能力的机械装置，它是用电器元件或电子仪器控制，通过液压传动元件操纵杠杆机构，实现预期目的。

第一代机器人是一种只能进行固定和变换工作程序的简单机械动作装置，产生于1966年。当时一架载有氢弹的美国飞机在地中海失事，一颗氢弹落入地中海。为了防止射线对人体的危害，制造了一台有电视眼和机械手的简单机械

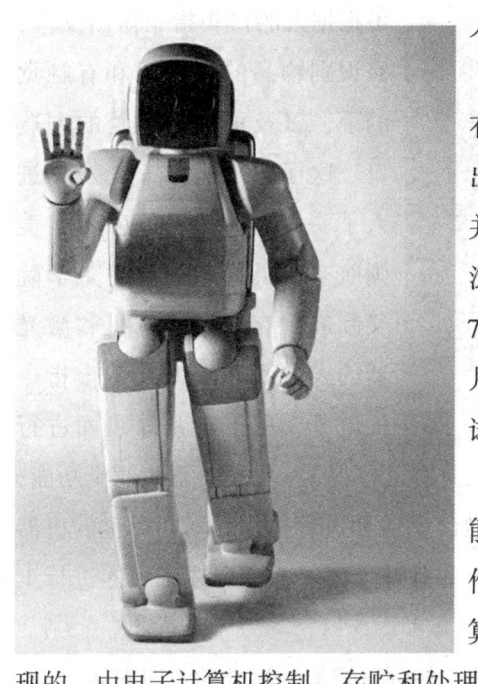

人，把氢弹打捞了上来。

同年，美国某医院安装放射线源时，有半支香烟头大小的放射性钴 C60 掉了出来，于是就用这种简单的机械人拾起，并放入铅盒内。从此机器人引起人们广泛的注意和研究，仅在 1967 年美国就有 75 台机器人用于生产。这一年，苏联的月球卫星就是用机器人挖取月岩和土壤试样的。

第二代机器人具有触觉和视觉功能，能在"理解"周围环境的情况下进行工作，它是在 20 世纪 60 年代末小型电子计算机已推广使用和价格降低的条件下出现的。由电子计算机控制、存贮和处理周围环境反馈的信息，进行判断，然后按既定的要求进行操作。这种设想早在 1958 年就在美国提出来，1961 年底研制出电子数字计算机控制的机械手模型，在 60 年代末才推广使用。1970 年，丹麦人索伦森制成一个操纵挖掘机用的电子液压控制的机器人。美国也研制出模仿人的肩、肘、腕和手指动作的机器人，可以用几种速度连续行走。以后有某种感觉的机器人，如有触觉和重量感的机器人，也相继在美国、日本和英国问世。

第三代机器人是具有人的简单智力和学习功能的机器人，它能满足两种基本要求：一种是具有较大的自由度和灵活性，在复杂条件下能完成多种处理物品的形状和相对位置的任务。另一种是具有识别环境及其变化，并做出正确判断和进行工作的能力，具有进行联系"思考"和学习的智能。

早在 20 世纪 70 年代初，日本就制成了可看清图纸，并可在传送带上进行装配的机器人。接着又制成装有电脑、具有视力的电视摄像机、有触觉的传感器和相当于手腕的机械手的"智能机器人"。

1973 年 7 月，日本早稻田大学一研究组制成有腿的机器人，它有人造耳，

科学发明与创造

可根据人的口头指令做出反应；有识别物品的人造眼和有触觉的手，以及可做出答复的人造口。这标志着机器人的发展进入了一个新阶段。1974年，美国航空航天局和加省理工学院又制成具有电视摄像机和激光器的人造眼和编入几千个指令的电脑，用于对月球表面进行科学考察。到1978年，"智能机器人"已具有某些视觉、触觉、温度感觉功能，能讲简单的语言和识别图纸和图像，并做出反应和进行操作。不同类型的机器人已大量应用于生产线上，在陆上、水下和月球上面等人难以或不可能进行工作的地方，机器人都可以发挥作用。

目前，机器人的研制正向进一步模拟人的部分智能和感觉的方向发展。

激光器的发明和应用

激光的出现是20世纪60年代最重大的科学技术成就之一。它以其高亮度、高方向性、高单色性、高相干性等突出特点，得到了广泛的应用，并在科学技术的许多重大领域开辟了新的生长点，引起了革命性的变化。

1916年，爱因斯坦发表了《关于辐射的量子理论》一文，首次提出了受激辐射的概念。按照这个理论，处于高能态的物质粒子受到一个能量等于两个能级之间能量差的光子的作用，将转变到低能态，并产生第二个光子，同第一个光子同时发射出来，这就是受激辐射。这种辐射输出的光获得了放大，而且是相干光,即两个光子的方向、频率、位相、偏振都完全相同。

随着量子力学的建立和发展,人们对物质的微观结构及其运动规律有了更深入的了解,微观粒子的能级分布、跃迁和光子辐射等也得到了更有力的证明,这就在客观上更加完善了爱因斯坦的辐射理论,为激光的产生奠定了理论基础。40年代末,出现了量子电子学,它主要研究电磁辐射与各种微观粒子系统的相互作用,并从而研制出相应的器件。这些理论和技术的进展,都为激光器的发明准备了条件。

1951年,美国物理学家珀塞尔和庞德在核感应实验中,把加在工作物质上的磁场突然反向,结果在核自旋体系中造成了粒子数反转,并获得了每秒50千赫的受激辐射,这是在激光史上有重大意义的实验。

1954年,美国科学家汤斯和他的助手戈登、蔡格一起,制成了第一台氨分子束微波激射器。这台微波激射器产生了1.25厘米波长的微波,功率很小,但它成功地开创了利用分子或原子体系作为微波辐射相干放大器或振荡器的先例,因而具有重大意义。与此同时,前苏联的巴索夫和普罗霍洛夫以及美国马里兰大学的韦伯,也分别独立地提出了微波激射器的思想。

由于微波激射器的成功,使人们进一步想到,如果把微波激射器的原理推广到光频波段,就有可能制成一种相干光辐射的振荡器或放大器。生产和科学技术发展的需要,也推动科学家们去探索新的发光机理,以产生新的性能优异的光源。

1958年,肖洛与汤斯将微波激射器与光学、光谱学的知识结合起来,提出了采用开式谐振腔的关键建议,并预言了激光的相干性、方向性、线宽和噪声等性质。同一时期,巴索夫、普罗霍洛夫等人也提出了实现受激辐射光放大的原理性方案。

1960年7月，美国青年科学家梅曼成功地制造并运转了世界第一台激光器。工作物质用人造红宝石，激励源是强的脉冲氙灯，它获得了波长0.6943微米的红色脉冲激光。

第一台激光器问世以后，激光发展很快，短短时间里就出现了许多不同类型的激光器。1961—1964年，先后制成钕玻璃激光器和掺钕钇铝石榴石激光器，它们和红宝石激光器都是迄今仍被大量应用的固体激光器。

1960年底，贝尔电话实验室的贾万等人制成了第一台气体激光器——氦氖激光器。1962年，有三组科学家几乎同时发明了半导体结激光器。1966年，又研制成了波长可在一段范围内连续调节的有机染料激光器。此外，还有输出能量大、功率高，而且不依赖电网的化学激光器等。

由于激光器的种种突出特点，因而很快被运用于工业、农业、精密测量和探测、通讯与信息处理、医疗、军事等各方面，并在许多领域引起了革命性的突破。比如，利用激光集中而极高的能量，可以对各种材料进行加工。

激光作为一种在生物机体上引起刺激、变异、烧灼、汽化等效应的手段，已在医疗、农业上取得良好的效果；激光在军事上除用于通信、夜视、预警、测距等方面外，各种激光武器、激光制导武器已投入实用。今后，随着激光技术的进一步发展，激光器的性能和成本进一步降低，其应用范围还将继续扩大，并将发挥出越来越重大的作用。

晶体管诞生历程

晶体管是在人们对半导体材料进行深入研究的基础上发明的。半导体材料是导电性介于金属和绝缘体之间的材料，一般是固体，比如锗和硅等。半导体中杂质的含量和外界条件（如温度和光照）的改变会引起导电性能发生很大变化。半导体材料之间，或者半导体和某些金属材料之间相接触的地方，具有单向导电的性能，和二极电子管的性能相像。

1928 年，有人提议用半导体材料制作和电子管功能差不多的晶体管。但一方面由于当时还缺少研究半导体电子特性的固体物理学知识；另一方面由于按温度、压力、化学组成等宏观概念产生的半导体材料在微观结构上是混乱的，没有规律，它的电子性能具有很大的偶然性，因此晶体管没有研制成功。

随着研究分子、原子和电子状态的固体物理学的发展，随着晶体生长理论和生长技术的发展，高纯度的晶体锗生产出来了，这就给晶体管的研制创造了条件。

美国贝尔研究所的巴丁、肖克利、布拉顿等人合作研制成功了晶体管。

巴丁原是大学教授，担任贝尔研究所所长，研究半导体理论，1947 年他提出关于结晶表面的理论。

布拉顿是实验物理学家，他对半导体表面进行实验研究，发展了半导体单晶的精制、成长等有关技术。巴丁和布拉顿两人，一个是理论家，一个是实验大师。

1948 年他们合作研制成功第一个点接触型晶体管。

肖克利从 1936 年开始进行关于固体物理学、金属学、电子学等基础理论研究。从 1945 年起在贝尔研究所从事半导体理论研究，1949 年他提出了 P-N 结理论（关于晶体中由于掺入杂质的不同所形成的 P 型和 N 型两种导电类型区域的理论）。不久，贝尔研究所研制成功第一个结型晶体三极管。

由于研制成功晶体管，他们三人获得 1956 年诺贝尔物理奖。

晶体管最初采用锗晶体做原料，后来由于硅的提纯和加工技术的发展，硅晶体比锗晶体的性能优越得多，因此硅晶体管取代了锗晶体管。晶体管具有小型、重量轻、性能可靠、省电等优点。正是由于具有这些优点，到 20 世纪 50 年代末和 60 年代初，晶体管逐渐代替了电子管。

静电复印机的发明与使用

在当今"信息爆炸"的时代,复印机成了人们不可或缺的专用工具。人们在几秒钟的时间内,就能完成一份文件的复制,从而摆脱了繁重的抄写工作,并由此促进了信息的传播。然而,人们也许不知道,复印机的发明凝聚着一位杰出发明人20多年的光阴和心血。

卡尔森是美国纽约市的一个发明爱好者。从1936年开始,他就注意到,当时的人们在需要文件复本时,往往通过成本较高的照相技术来完成。由此,他想发明一种能快速并经济地复制文件的机器。他跑遍了纽约的各个图书馆,搜寻有关这方面的技术书籍。最初他把研究重点定位于照相复制技术合成,然而,当他饱览群书之后,觉得在此方向很难有所突破。

一天,他来到朋友的工厂里,一位来自匈牙利的工程师给他展示了一种当光线增强时能够产生导电性质的物质。卡尔林豁然开朗,意识到这种物质在他的发明中很有应用价值,并把研究重点转向了静电技术领域。

卡尔森在纽约市的一个酒吧里租了一个房间作为实验室,并和他的助手——一位名叫奥特卡尼的德国物理学家开始静电复制技术的试验。1938年10月22日,奥特卡尼把一行数字和字母"10,22,38,ASTORIA"印在玻璃片上,又在一块锌板上涂了一层硫黄,然后在板上使劲地摩擦,使之产生静电。他又把玻璃板和这块锌板合在一起用强烈的光线扫描了一遍。几秒钟之后,他移开玻璃片,这时,锌板上的硫黄末近乎完美地组成了玻璃片上的那行数字和字母"10,22,38,ASTORIA"。

静电复制技术终于有所突破,卡尔森将这项专利向许多家公司推荐。然而,从1939年到1944年的5年时间里,没有一家公司接受卡尔森的专利。这些公司认为，用硫黄末作为"介质"，从技术上看不够成熟。此外，他们还对生产复印机的市场前景并不看好。实际上，在那时需要复制的文件确实并不很多。

卡尔森毫不气馁，继续钻研，完善他的静电复制技术。又经过几年的研究，他找到了更为理想的携带静电的"介质"。终于有一家公司采用了卡尔森的最新专利技术，生产出了第一台办公专用自动复印机。到了1959年，复印机正式被市场所接受，并且像雪球一样，市场越滚越大。今天，复印机已成为全球一项庞大的产业。

卡尔森静电复印的过程本质上是一种光电过程，它所产生的潜像是一个由静电荷组成的静电像，其充电、显影和转印过程都是基于静电吸引原理来实现的。由于其静电潜像是在光照下光导层电阻降低而引起充电膜层上电荷放电形成的，所以卡尔森静电复印法对感光鼓有如下要求：具有非常高的暗电阻率。这种感光鼓在无光照的情况下，表面一旦有电荷存在，能较长时间地保存这些电荷；而在光照的情况下，感光鼓的电阻率应很快下降，即成为电的良导体，使得感鼓表面电荷很快释放而消失。卡尔逊静电复印法所使用的感光鼓主要由硒及硒合金、氧化锌、有机光电导材料等构成，一般是在导电基体上（如铝板或其他金属板）直接涂敷或蒸镀一薄层光电导材料。其结构是上面为光导层，下面为导电基体。

卡尔森静电复印法大致可分为充电、曝光、显影、转印、分离、定影、清洁、消电8个基本步骤。

1. 充电

充电就是使感光鼓在暗处，并处在某一极性的电场中，使其表面均匀地带上一定极性和数量的静电荷，即具有一定表面电位的过程，这一过程实际上是感光鼓的敏化过程，使原来不具备感光性的感光鼓具有较好的感光性。充电过程只是为感光鼓接受图像信息准备的，是不依赖原稿图像信息的预过程，但这是在感光鼓表面形成静电潜像的前提和基础。

当在暗处给感光鼓表面充上一层均匀的静电荷时，由于感光鼓在暗处具有较高的电阻，所以静电荷被保留在感光鼓表面，即感光鼓保持有一定的电位交具有感光性。对于不同性质的光电导材料制的感光鼓应充以不同极性的电荷，这是由半导体的导电特点决定的，即只允许一种极性的电荷（空穴或电子）

"注入"，而阻止另一种极性电荷（电子或空穴）的"注入"。因此对于 N 型半导体，表面应充负电；而对 P 型半导体，则应充正电。当用正电晕对 P 型感光鼓充正电时，由于 P 型半导体中负电荷不能移动，因此光导层表面的正电荷与界面上的负电荷，只能相互吸引，而不会中和。倘若用负电晕对 P 型感光鼓充负电，则由于光导层及其界面处，感应产生的是正电荷，而 P 型半导体的主要载流子是"空穴"，自由移动较为容易（或称为"注入"），易与感光鼓表面的负电荷中和。这样，对 P 型感光鼓充负电时，其充电效率是相当低的。对于 N 型感光鼓，则由于其主要载流子是电子，若对其充正电时，其充电效率也是极其低的。目前静电复印机中通常采用电晕装置对感光鼓进行充电。

2. 曝光

曝光是利用感光鼓在暗处时电阻大，成绝缘体；在明处时电阻小，成导体的特性，对已充足的感光鼓用光像进行曝光，使光照区（原稿的反光部分）表面电荷因放电而消失；无光照的区域（原稿的线条和墨迹部分）电荷依旧保持，从而在感光鼓上形成表面电位随图像明暗变化而起伏的静电潜像的过程。进行曝光时，原稿图像经光照射后，图像光信号经光学成像系统投射到感光鼓表面，光导层受光照射的部分称为"明区"，而没有受光照射的部分自然数"暗区"。在明区，光导层产生电子空穴对，即生成光生载流子，使得光导层的电阻率迅速降低，由绝缘体变成半导体，呈现导电状态，从而使感光鼓表面的电位因光导层表面电荷与界面处反极性电荷的中和而很快衰减。在暗区，光导层则依然呈现绝缘状态，使得感光鼓表面电位基本保持不变。感光鼓表面静电电位的高低随原稿图像浓淡的不同而不同，感光鼓上对应图像浓的部分表面电位高，图像淡的部分表面电位低。这样，就在感光鼓表面形成了一个与原稿图像浓淡相对应的表面电位起伏的静电潜像。

3. 显影

显影就是用带电的色粉使感光鼓上的静电潜像转变成可见的色粉图像的过程。显影色粉所带电荷的极性，与感光鼓表面静电潜像的电荷极性相反。显影时，在感光鼓表面静电潜像是场力的作用下，色粉被吸附在感光鼓上。静电潜像电位越高的部分，吸附色粉的能力越强；静电潜像电位越低的部分，吸附色粉的能力越弱。对应静电潜像电位（电荷的多少）的不同，其吸附色粉量也就不同。这样感光鼓表面不可见的静电潜像，就变成了可见的与原稿浓淡一致的不同灰度层次的色粉图像。在静电复印机中，色粉的带电通常是通过色粉与载体的摩擦来获得的。摩擦后色粉带电极性与载体带电极性相反。

4. 转印

转印就是用复印介质贴紧感光鼓，在复印介质的背面予以色粉图像相反极性的电荷，从而将感光鼓已形成的色粉图像转移到复印介质上的过程。目前静电复印机中通常采用电晕装置对感光鼓上的色粉图像进行转印。当复印纸（或其他介质）与已显影的感光鼓表面接触时，在纸张背面使用电晕装置对其放电，该电晕的极性与充电电晕相同，而与色粉所带电荷的极性相反。由于转印电晕的电场力比感光鼓吸附色粉的电场力强得多，因此在静电引力的作用下，感光鼓上的色粉图像就被吸附到复印纸上，从而完成了图像的转印。在静电复印机中为了易于转印和提高图像色粉的转印率，通常还采用预转印电极或预转印灯装置对感光鼓进行预转印处理。

5. 分离

在前述的转印过程中，复印纸由于静电的吸附作用，将紧紧地贴在感光鼓上，分离就是将紧贴在感光鼓表面的复印纸从感光鼓上剥落（分离）下来的过程，静电复印机中一般采用分离电晕（交、直流）、分离爪或分离带等方法来进行纸张与感光鼓的分离。

6. 定影

定影就是把复印纸上的不稳定、可抹掉的色粉图像固着的过程，通过转印、分离过程转移到复印纸上的色粉图像，并未与复印纸融合为一体，这时的色粉图像极易被擦掉，因此须经定影装置对其进行固化，以形成最终的复印品。目前的静电复印机多采用加热与加压相结合的方式，对热熔性色粉进行定影。定影装置加热的温度和时间，及加压的压力大小，对色粉图像的黏附牢固度有一定的影响。其中，加热温度的控制，是图像定影质量好坏的关键。

7. 清洁

清洁就是清除经转印后还残留在感光鼓表面色粉的过程。感光鼓表面的色粉图像由于受表面的电位、转印电压的高低、复印介质的干湿度及与感光鼓的接触时间、转印方式等的影响，其转印效率不可能达到100%，在大部分色粉经转印从感光鼓表面转移到复印介质上后，感光鼓表面仍残留有一部分色粉，如果不及时清除，将影响到后续复印品的质量。因此必须对感光鼓进行清洁，使之在进入下一复印循环前恢复到原来状态。静电复印机机中一般采用刮板、毛刷或清洁辊等装置对感光鼓表面的残留色粉进行清除。

8. 消电

消电就是消除感光鼓表面残余电荷的过程。由于充电时在感光鼓表面沉积的静电荷，并不因所吸附的色粉微粒转移而消失，在转印后仍留在感光鼓表面，如果不及时清除，会影响后续复印过程。因此，在进行第二次复印前必须对感光鼓进行消电，使感光鼓表面电位恢复到原来状态。静电复印机中一般采用曝光装置来对感光鼓进行全面曝光，或用消电电晕装置对感光鼓进行反极性充电，以消除感光鼓上的残余电荷。

卡尔森前后经历20余年的光阴，由"技术不成熟""市场潜力不看好"，到技术日趋成熟、市场日益扩大，终于使静电复印机走向了全世界。

门捷列夫的周期表

概　述

俄罗斯化学家门捷列夫（1834—1907），生在西伯利亚。他从小热爱劳动，喜爱大自然，学习勤奋。

1860年门捷列夫在为著作《化学原理》一书考虑写作计划时，深为无机化学的缺乏系统性所困扰。于是，他开始搜集每一个已知元素的性质资料和有关数据，把前人在实践中所得成果，凡能找到的都收集在一起。

人类关于元素问题的长期实践和认识活动，为他提供了丰富的材料。他在研究前人所得成果的基础上，发现一些元素除有特性之外还有共性。例如，已知卤素元素的氟、氯、溴、碘，都具有相似的性质；碱金属元素锂、钠、钾暴露在空气中时，都很快就被氧化，因此都是只能以化合物形式存在于自然界中；有的金属如铜、银、金都能长久保持在空气中而不被腐蚀，正因为如此，它们被称为贵金属。

于是，门捷列夫开始试着排列这些元素。他把每个元素都建立了一张长方形纸板卡片，在每一块长方形纸板上写上了元素符号、原子量、元素性质及其化合物，然后把它们钉在实验室的墙上排了又排。经过了一系列的排队以后，他发现了元素化学性质的规律性。

元素周期律

元素周期律揭示了一个非常重要而有趣的规律：元素的性质，随着原子量的增加呈周期性的变化，但又不是简单的重复。

门捷列夫根据这个道理，不但纠正了一些有错误的原子量，还先后预言了15种以上的未知元素的存在。结果，有三个元素在门捷列夫还在世的时候就被发现了。

1875年，法国化学家布瓦博德兰，发现了第一个待填补的元素，命名为镓。这个元素的一切性质都和门捷列夫预言的一样，只是比重不一致。门捷列夫为此写了一封信给巴黎科学院，指出镓的比重应该是 5.9 左右，而不是 4.7。当时镓还在布瓦博德兰手里，门捷列夫还没有见到过。这件事使布瓦博德兰大为惊讶，于是他设法提纯，重新测量镓的比重，结果证实了门捷列夫的预言，比重确实是 5.94。

这一结果大大提高了人们对元素周期律的认识，同时也说明很多科学理论被称为真理，不是在科学家创立这些理论的时候，而是在这一理论不断被实践所证实的时候。

当年门捷列夫通过元素周期表预言新元素时，有的科学家说他狂妄地臆造一些不存在的元素，而通过实践，门捷列夫的理论受到了越来越普遍的重视。

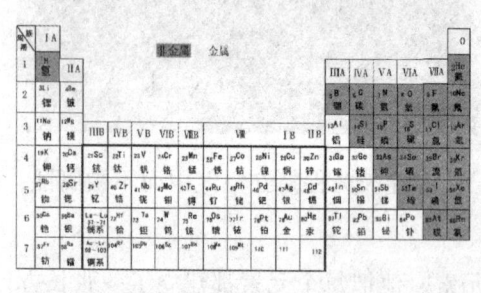

后来，人们根据周期律理论，把已经发现的 100 多种元素排列、分类，列出了今天的化学元素周期表，张贴于实验室墙壁上，编排于辞书后面。它更是我们每一位学生在学化学的时候，都必须学习和掌握的一课。

现在，我们知道，在人类生活的浩瀚的宇宙里，一切物质都是由这 100 多种元素组成的，包括我们人本身在内。

可是，化学元素是什么呢？化学元素是同类原子的总称。所以，人们常说，原子是构成物质世界的"基本砖石"，这从一定意义上来说，还是可以的。

然而，化学元素周期律说明，化学元素并不是孤立地存在和互相毫无关联的。

这些事实意味着，元素原子还肯定会有自己的内在规律。这里已经孕育着物质结构理论的变革。

终于，到了 19 世纪末，实践有了新的发展，放射性元素和电子被发现了，这本来是揭开原子内幕的极好机会。可是门捷列夫在实践面前却产生了困惑。一方面他害怕这些发现"会使事情复杂化"，动摇"整个世界观的基础"；另一方面又感到这"将是十分有趣的事……周期性规律的原因也许会被揭示"。但

门捷列夫本人就在将要揭开周期律本质的前夜——1907年带着这种矛盾的思想逝世了。

门捷列夫并没有看到，正是由于19世纪末、20世纪初的一系列伟大发现和实践，揭示了元素周期律的本质，摒弃了门捷列夫那个时代关于原子不可分的旧观念。在摒弃其不准确的部分的同时，充分肯定了它的合理内涵和历史地位。在此基础上诞生的元素周期律的新理论，比当年门捷列夫的理论更具有真理性。

元素周期的探索之路

攀登科学高峰的路，是一条艰苦而又曲折的路。门捷列夫在这条路上，也是吃尽了苦头。

当他担任化学副教授以后，负责讲授"化学基础"课。在理论化学里应该指出自然界到底有多少元素？元素之间有什么异同和存在什么内部联系？新的元素应该怎样去发现？这些问题，当时的化学界正处在探索阶段。各国的化学家们，为了打开这秘密的大门，进行了顽强的努力。

虽然有些化学家如德贝莱纳和纽兰兹在一定深度和不同角度客观地叙述了元素间的某些联系，但由于他们没有把所有元素作为整体来概括，所以没有找到元素的正确分类原则。年轻的学者门捷列夫也毫无畏惧地冲进了这个领域，开始了艰难的探索工作。

他不分昼夜地研究着，探求元素的化学特性和它们的一般的原子特性，然后将每个元素记在一张小纸卡上。他企图在元素全部的复杂的特性里，捕捉元素的共同性。

虽然他的研究一次又一次地失败了。但他不屈服，不灰心，坚持干下去。

为了彻底解决这个问题，他又走出实验室，开始出外考察和整理收集资料。

1859年，他去德国海德尔堡进行科学深造。两年中，他集中精力研究了物理化学，使他探索元素间内在联系的基础更扎实了。

1862年，他对巴库油田进行了考察，对液体进行了深入研究，重测了一些元素的原子量，使他对元素的特性有了深刻了解。

1867年，他借应邀参加在法国举行的世界工业展览俄罗斯陈列馆工作的机会，参观和考察了法国、德国、比利时的许多化工厂、实验室，这让他大开眼界，更加丰富了元素方面的知识。

这些实践活动，不仅增长了他认识自然的才干，而且对他发现元素周期律，奠定了雄厚的基础。

门捷列夫又返回实验室，继续研究他的纸卡。他把重新测定过的原子量的元素，按照原子量的大小依次排列起来。他发现性质相似的元素，它们的原子量并不相近；相反，有些性质不同的元素，它们的原子量反而相近。他紧紧抓住元素的原子量与性质之间的相互关系，不停地研究着。

他的脑子因过度紧张而经常昏眩。但是，他的心血并没有白费，在1869年2月19日，他终于发现了元素周期律。

他的周期律说明：简单物体的性质，以及元素化合物的形式和性质，都和元素原子量的大小有周期性的依赖关系。

门捷列夫在排列元素表的过程中，又大胆指出，当时一些公认的原子量不准确。如那时金的原子量公认为169.2，按此在元素表中，金应排在锇、铂的前面，因为它们被公认的原子量分别为198.6、196.7，而门捷列夫坚定地认为金应排列在这两种元素的后面，原子量都应重新测定。

大家重测的结果，锇为190.9、铂为195.2，而金是197.2。实践证实了门捷列夫的论断，也证明了周期律的正确性。

在门捷列夫编制的周期表中，还留有很多空格，这些空格应由尚未发现的元素来填满。门捷列夫从理论上计算出这些尚未发现的元素的最重要性质，断定它们介于邻近元素的性质之间。例如，在锌与砷之间的两个空格中，他预言这两个未知元素的性质分别为类铝和类硅。

就在他预言后的四年，法国化学家布阿勃朗用光谱分析法，从门锌矿中发现了镓。实验证明，镓的性质非常像铝，也就是门捷列夫预言的类铝。镓的发现，具有重大的意义，它充分说明元素周期律是自然界的一条客观规律，为以后元素的研究，新元素的探索，新物资、新材料的寻找，提供了一个可遵循的规律。

元素周期律像重炮一样，在世界上空轰响了，门捷列夫也因此闻名于世界！

法拉第的电磁感应

电磁感应实验

1831年8月，法拉第把两个线圈绕在一个铁环上，线圈A接直流电源，线圈B接电流表，他发现，当线圈A的电路接通或断开的瞬间，线圈B中产生瞬时电流。法拉第发现，铁环并不是必需的。拿走铁环，再做这个实验，上述现象仍然发生。只是线圈B中的电流弱些。为了透彻研究电磁感应现象，法拉第做了许多实验。

1831年11月24日，法拉第向皇家学会提交的一个报告中，把这种现象定名为"电磁感应现象"，并概括了可以产生感应电流的五种类型：变化着的电流、变化着的磁场、运动的稳恒电流、运动的磁铁、在磁场中运动的导体。法拉第之所以能够取得这一卓越成就，是同他关于各种自然力的统一和转化的思想密切相关的。正是这种对于自然界各种现象普遍联系的坚强信念，支持着法拉第始终不渝地为从实验上证实磁向电的转化而探索不已。

电磁感应判定

右手定则：伸开右手，使大拇指跟其余四个手指垂直，并且都跟手掌在一个平面内，把右手放入磁场中，让磁感线垂直穿过手心，大拇指指向导体运动的方向，那么其余四个手指所指的方向就是感应电流的方向。

探索过程

因磁通量变化产生感应电动势的现象（闭合电路的一部分导体在磁场里做切割磁力线的运动时，导体中就会产生电流，这种现象叫电磁感应）。1820 年 H. C. 奥斯特发现电流磁效应后，许多物理学家便试图寻找它的逆效应，提出了磁能否产生电，磁能否对电作用的问题。1822 年 D. F. J. 阿喇戈和 A. von 洪堡在测量地磁强度时，偶然发现金属对附近磁针的振荡有阻尼作用。1824 年，阿喇戈根据这个现象做了铜盘实验，发现转动的铜盘会带动上方自由悬挂的磁针旋转，但磁针的旋转与铜盘不同步，稍滞后。电磁阻尼和电磁驱动是最早发现的电磁感应现象，但由于没有直接表现为感应电流，当时未能予以说明。

1831 年 8 月，M. 法拉第在软铁环两侧分别绕两个线圈，其一为闭合回路，在导线下端附近平行放置一磁针，另一端与电池组相连，接开关，形成有电源的闭合回路。实验发现，合上开关，磁针偏转；切断开关，磁针反向偏转，这表明在无电池组的线圈中出现了感应电流。法拉第立即意识到，这是一种非恒定的暂态效应。紧接着他做了几十个实验，把产生感应电流的情形概括为 5 类：变化的电流，变化的磁场，运动的恒定电流，运动的磁铁，在磁场中运动的导体，并把这些现象正式定名为电磁感应。进而，法拉第发现，在相同条件下不同金属导体回路中产生的感应电流与导体的导电能力成正比，他由此认识到，感应电流是由与导体性质无关的感应电动势产生的，即使没有回路没有感应电流，感应电动势依然存在。

后来，法拉第给出了确定感应电流方向的楞次定律以及描述电磁感应定量规律的法拉第电磁感应定律。并按产生原因的不同，把感应电动势分为动生电动势和感生电动势两种，前者起源于洛伦兹力，后者起源于变化磁场产生的有旋电场。

意 义

电磁感应现象是电磁学中最重大的发现之一，它显示了电、磁现象之间的相互联系和转化，对其本质的深入研究所揭示的电、磁场之间的联系，对麦克斯韦电磁场理论的建立具有重大意义。电磁感应现象在电工技术、电子技术以及电磁测量等方面都有广泛的应用。

不怕被雷轰的法宝

1746年，一位英国学者在波士顿利用玻璃管和莱顿瓶表演了电学实验。

富兰克林怀着极大的兴趣观看了他的表演，并被电学这一刚刚兴起的科学强烈地吸引住了。

随后富兰克林开始了电学的研究。富兰克林在家里做了大量实验，研究了两种电荷的性能，说明了电的来源和在物质中存在的现象。

在十八世纪以前，人们还不能正确地认识雷电到底是什么。

当时人们普遍相信雷电是上帝发怒的说法。一些不信上帝的有识之士曾试图解释雷电的起因，但从未获得成功，学术界比较流行的是认为雷电是"气体爆炸"的观点。

在一次试验中，富兰克林的妻子丽德不小心碰到了莱顿瓶，一团电火闪过，丽德被击中倒地，面色惨白，足足在家躺了一个星期才恢复健康。这虽然是试验中的一起意外事件，但思维敏捷的富兰克林却由此而想到了空中的雷电。

他经过反复思考，断定雷电也是一种放电现象，它和在实验室产生的电在本质上是一样的。于是，他写了一篇名叫《论天空闪电和我们的电气相同》的论文，并送给了英国皇家学会。

但富兰克林的伟大设想竟遭到了许多人的嘲笑，有人甚至嗤笑他是"想把上帝和雷电分家的狂人"。富兰克林决心用事实来证明一切。

1752年6月的一天，阴云密布，电闪雷鸣，一场暴风雨就要来临了。富兰克林和他的儿子威廉一道，带着上面装有一个金属杆的风筝来到一个空旷地带。富兰克林高举起风筝，他的儿子则拉着风筝线飞跑。

由于风大，风筝很快就被放上高空。刹那，雷电交加，大雨倾盆。

富兰克林和他的儿子一道拉着风筝线，父子俩焦急地期待着，此时，刚好一道闪电从风筝上掠过，富兰克林用手靠近风筝上的铁丝，立即掠过一种恐怖的麻木感。他抑制不住内心的激动，大声呼喊："威廉，我被电击了！"随后，他又将风筝线上的电引入莱顿瓶中。

回到家里以后，富兰克林用雷电进行了各种电学实验，证明了天上的雷电与人工摩擦产生的电具有完全相同的性质。富兰克林关于天上和人间的电是同一种东西的假说，在他自己的这次实验中得到了光辉的证实。

风筝实验的成功使富兰克林在全世界科学界声名大振。英国皇家学会给他送来了金质奖章，并聘请他担任皇家学会的会员。他的科学著作也被译成了多种语言。他的电学研究取得了初步的胜利。然而，在荣誉和胜利面前，富兰林没有停止对电学的进一步研究。

1753年，俄国著名电学家利赫曼为了验证富兰克林的实验，不幸被雷电击死，这是做电实验的第一个牺牲者。血的代价，使许多人对雷电试验产生了戒心和恐惧。但富兰克林在死亡的威胁面前没有退缩，经过多次试验，他制成了一根实用的避雷针。他把几米长的铁杆，用绝缘材料固定在屋顶，杆上紧拴着一根粗导线，一直通到地里。当雷电袭击房子的时候，它就沿着金属杆通过导线直达大地，房屋建筑完好无损。

1754年，避雷针开始应用，但有些人认为这是个不祥的东西，违反天意会带来旱灾，就在夜里偷偷地把避雷针拆了。然而，科学终将战胜愚昧。一场挟着雷电的狂风过后，大教堂着火了；而装有避雷针的高层房屋却平安无事。事实教育了人们，使人们相信了科学。

避雷针相继传到英国、德国、法国，最后普及世界各地。

避雷针传入法国后，法国皇家科学院院长诺雷等人开始反对使用避雷针，后来又认为圆头避雷针比富兰克林的尖头避雷针好。

但法国人仍然选用富兰克林的尖头避雷针。据说当时的法国人把富兰克林看做是苏格拉底的化身。

富兰克林成了人们崇拜的偶像。他的肖像被人们珍藏在枕头下面，而仿照避雷针式样的尖顶帽成了1778年巴黎最摩登的帽子。

避雷针传入英国后，英国人也曾广泛采用了富兰克林的尖头避雷针。

但美国独立战争爆发后，富兰克林的尖头避雷针在英国人眼中似乎成了将要诞生的美国的象征。

据说英国当时的国王乔治二世出于反对美国革命的盛怒，曾下令把英国全部皇家建筑物上的避雷针的尖头统统换成圆头，以示与作为美国象征的尖头避雷针势不两立。这真是避雷针应用史上一件有趣的事情。

科学发明与创造

推动柴油机发展的内燃机

内燃机是相对于蒸汽机来说的。蒸汽机是利用煤的燃烧来加热锅炉内的水,使水变成蒸气,且蒸气具有较高的压力。将这种蒸气引入气缸,从而推动活塞,使曲轴旋转。因为煤是在汽缸外面燃烧,所以可以说蒸汽机是一种"外燃机"。由此我们可以推想,如果用某种"适当"的燃料,让它在汽缸内燃烧,以推动活塞,使曲轴旋转,就可以称为"内燃机"了。

究竟需要什么样的"适当"燃料呢?

不难想象:首先,燃料要能方便地送进汽缸,最好能像空气一样,能被吸进去;其次,在汽缸里易燃、好烧;第三,燃烧后气体要能方便地从汽缸内排出去,不留残渣,否则汽缸内将很快被残渣占满,而且活塞是在汽缸内反复运动的,残渣会更加剧活塞和汽缸的磨损。这是最基本的三条。还有一些其他的要求,如这种燃料容易获得,携带方便,使用安全等。但只要能满足以上三条,内燃机的设想即可实现。

人类的生产实践和科学试验使符合上述三个基本条件要求的燃料一个一个地实现了。

最早出现的是煤气。煤气是将木炭或煤等,置于通风不太好的炉子里燃烧而产生出来的一种气体。它的主要成分是一种容易燃烧的一氧化碳气体。一氧化碳燃烧后生成二氧化碳，仍是气体，一般没有什么残渣。所以，煤气是满足上述要求的。

正是在这样的条件下，1866年，德国人奥托创制了第一台能够实际使用的煤气内燃机。这台内燃机除了有汽缸、活塞、连杆、曲轴、飞轮外，与蒸汽机不同的是：汽缸上有两个蘑菇形的气门，一个为进气门，另一个为排气门。为了定时开启这两个气门，在内燃机内设置了一根由曲轴带动的凸轮轴，对应每个气门，凸轮轴上就有一个相应的凸轮，当凸轮的较多部位转到与气门杆的端部接触时，气门便被推开；当凸轮较高部位转过去后，气门便在气门弹簧的作用下关闭。

奥托的内燃机在当时可算得上最出色的动力机械了，本身小巧紧凑，运转较平稳，费用较低。但在当时却未能得到广泛采用，这主要是由于它需要一个较大的煤气发生炉给它提供煤气。因此，在重量、体积和启动前的准备工作等方面与蒸汽机相比，优越性就不太多。加之内燃机刚出现，故障较多，人们对它的兴趣也就不大了。

事隔不久，另一种比它好的内燃机出现了，这就是现代汽车上装用的汽油机的原型。当时，好几个国家都先后有人造出了这种内燃机。不过，较有代表性和很快得到实用的是1882年由德国人戴姆勒造出的汽油内燃机。

从汽油内燃机这一名称，即可想到它用的燃料就是汽油。将汽油用于内燃机，首先遇到的问题是如何将液体的汽油与空气均匀而迅速地混合起来，形成很好的可燃混合气，供给内燃机工作。为此，戴姆勒创造了一个化油器。化油器的基本原理就是利用内燃机进气过程中，气流通过化油器中的一个"喉管"将汽油吸出并吹散，而形成混合气。戴姆勒的汽油机转动起来了，一条惊人的消息轰动了欧洲：这台汽油机创造了当时令人难以置信的高转速——每分钟1000多转。这样的转速在我们现在看来实在很平常，但那时人们所见过的只有每分钟200多转的蒸汽机，自然认为这是十分了不起的事了。

石油里的汽油可供汽油机用，剩下的部分还有没有可作内燃机燃料的呢？新的探索又开始了。石油加温后，汽油被蒸馏出去了，再将温度升高一些，另一种油——柴油又被蒸馏出来。柴油不易蒸发，也难以用气流来吹散它。要使它与空气形成易燃混合气，只好另找途径。

1893年，一个叫狄赛尔的德国人首先造出了一台用柴油作燃料的内燃机，并于1897年制成压燃式的柴油机及其喷油装置。后来，由于制作经验不成熟却忙于向各国推销，第一批20台售出后纷纷退货。但是柴油机固有的优点却得到不断完善和发展。在1904年已有近千台50～100马力的柴油机在使用。1908年至1914年间，有6个国家的潜艇采用柴油机驱动，这是柴油机取得发展的重要标志。

原子弹的发明及应用

原子弹的出现，与其他科学技术上的发明一样，有着自己的发生和发展过程。

早在19世纪初，人们就已经知道自然界的物质成千上万，性质千差万别，它们都是由一些有限的基本元素组成的，而每种元素又是由许多化学性质相同的微粒——原子组成的。

1896年，法国物理学家贝克勒尔和波兰出生的年轻科学家居里夫人发现自然界有一些元素的原子核能自发地放出一些肉眼看不见的射线，这些射线可以使照相底片感光；元素在发出射线时，会释放出部分能量，同时它自身就转变成具有另一种性质的新元素。于是他们把元素的这种性质叫做天然放射性，把元素原子核的这种转变过程叫做核衰变。这不仅加深了人们对原子结构复杂性的认识，而且使人们意识到在原子核内蕴藏着巨大的能量。

首先找到利用核能途径的人是费米。费米出生在意大利罗马一个铁路职工家庭，年轻的时候曾在德国学习。他25岁就当上了罗马大学第一任理论物理学教授，1938年底移居美国。

1934年，法国物理学家约里奥·居里夫妇宣布，他们用X粒子轰击铝、硼的时候，产生了人工放射物质。费米得知这一消息后，决定试用中子产生人工放射现象。费米按照元素周期表的顺序，从氢开始，用中子顺序轰击，当试验第八号元素氟时，得到了人工放射性。在接下来的试验中，他又发现在中子轰击铀时，产生了从未见过的新元素。1934年6月他宣布了这个发现，但并没意识到在这个实验中可能引起了铀的裂变。

1934年10月，费米的助手发现，当用中子轰击金属银来产生人工放射性时，有一种奇怪的现象，就是放在银附近的铝可能影响银的放射性。助手把这个现象报告了费米。在费米指导下做了进一步的实验，确定在中子源和银之间的铝板可以增加银在中子照射以后产生的放射性。铝是重物质，费米提出把铝换成石蜡，重新做实验。没想到，在中子源和银中间放置石蜡以后，竟使银的放射强度提高了100倍。

怎样解释这种现象呢？费米提出慢中子效应：中子含有大量氢的物质的时候，和氢原子核——质子发生碰撞，速度变慢了，更容易被银原子核所俘获，所以产生的人工放射性更强。由于发现了中子效应，费米获得1938年诺贝尔物理奖金。

在费米发现用中子轰击铀可以产生超铀元素后，在巴黎的约里奥·居里夫妇和柏林的哈恩、梅特纳都认真研究了这个问题。

1938年秋天，哈恩和斯特拉斯曼精确分析了中子轰击铀以后的产物，发现有钡存在，钡的原子量大约是铀的一半，这说明铀原子核在中子轰击下分裂成两半。哈恩把实验情况写信告诉了梅特纳。梅特纳立刻从数学上进行分析。她认为：每裂变一个原子可以放出大约两亿电子伏的能量。

裂变反应的发现震惊了科学界，因为它说明铀分裂的时候可以放出两个中子，而这两个中子又可能引起两个铀核分裂，这样就能够从一个铀核裂变引起二、四、八、十六……铀核裂变。这是连锁反应，它将释放出无比巨大的能量。

裂变反应正好是在第二次世界大战的导火线已经点燃的时刻发现的。移居美国的匈牙利物理学家西拉德等人，意识到可能利用核裂变制成有空前破坏力的原子弹。1939年7月，他在拜访了罗斯福总统的好友和私人顾问、经济学家萨克斯以后，又和爱因斯坦会晤，请爱因斯坦在给罗斯福的信上签名，信由萨克斯交给罗斯福。这封信阐述了研制原子弹对美国安全的重要性。罗斯福被这封信打动了，决定支持研制原子弹的工作。

1941年12月，美国政府决定大量拨款和充分利用科技力量研制原子弹。

1942年，成立了美、英、加三国共同研制原子弹的委员会。同年8月，美国制定了研制原子弹的"曼哈顿计划"。

"曼哈顿计划"大致有三方面的内容：生产钚，生产浓缩铀235，研制炸弹。这三方面的工作由几支研究力量来完成。

第一支研究力量由康普顿领导的芝加哥大学冶金实验室和杜邦公司组成，主要任务是生产足够数量的钚。

第二支研究力量由劳伦斯领导的加利福尼亚实验室和几家公司组成，任务是用电磁法分离浓缩铀235。

第三支研究力量由尤里博士领导的哥伦比亚大学的代用合金实验室和几家公司组成，任务是用扩散方法生产浓缩铀235。

第四支研究力量是由奥本海默领导的洛斯·阿拉莫斯实验室，它的主要任务是一得到足够的裂变材料，立刻制成实战用的原子弹。

1942年，关于怎样设计原子弹，它究竟应该有多大，谁都不知道。在研制过程中，设计出了两种炸弹型式：一种是"枪式"原子弹。它主要是通过增加核装药的数量达到超临界状态的。1945年美国投在日本的第一颗原子弹就是枪式原子弹。它的外形是个细长体，TNT当量约为2万吨，核装药为铀-235，有效利用率为2%左右。因此，理论上只要裂变1千克铀235就够用，但实际上却用了50多千克。

虽然枪式原子弹效率低，但构造简单，容易制造。

一种是"收聚式"原子弹。它是利用炸药的爆轰，形成一个向中心收缩聚拢的球面形状的压力波,从各个方向均匀地压缩核装药,并且越到中心压力越大,核装药受到强烈的压缩,密度大大增高,能够实现高度超临界现状,使比较多的核装药发生裂变反应,从而提高了它的有效利用率。美国投到日本的第二颗原子弹就是"收聚式"原子弹。

原子弹在第二次世界大战末期首次用于实战。1945年的8月6日和9日,美国分别将一颗取名"小男孩"的铀弹和一颗取名"胖子"的钚弹投到日本的广岛和长崎,给这两座城市及其居民造成巨大的破坏和伤亡,引起了世界各国的重视。1949年8月29日,苏联也进行了第一次核试验。1964年10月16日,中国第一颗原子弹爆炸成功。